服装设计
必修课（CorelDRAW版）

李芳　编著

清华大学出版社

北京

内 容 简 介

本书是实用性很强的服装设计书籍，注重讲解服装设计的理论及项目应用。全书循序渐进地阐述了与服装设计相关的理论知识和软件操作。

本书共分为12章，内容包括服装设计基础知识、服装设计中的面料与图案、服装设计中的色彩搭配、常见服装风格、T恤衫款式图设计、衬衫款式图设计、针织服装款式图设计、外套款式图设计、裙装款式图设计、裤装款式图设计、 婚纱礼服款式图设计、童装款式图设计，并对第5～12章中的项目应用进行了细致的理论解析和软件操作步骤讲解。

本书针对初、中级专业从业人员，同时可以作为大专院校服装设计、平面设计、广告设计、包装设计、海报设计、插画设计、VI设计等专业，以及社会培训机构的教材。

图书在版编目(CIP)数据

服装设计必修课：CorelDRAW 版 / 李芳编著 . —北京：清华大学出版社，2022.6
ISBN 978-7-302-60652-9

Ⅰ . ①服… Ⅱ . ①李… Ⅲ . ①服装设计－计算机辅助设计－图形软件 Ⅳ . ① TS941.26

中国版本图书馆 CIP 数据核字 (2022) 第 068129 号

责任编辑：韩宜波
封面设计：杨玉兰
责任校对：么丽娟
责任印制：杨　艳

出版发行：清华大学出版社
　　　　网　　　址：http://www.tup.com.cn，http://www.wqbook.com
　　　　地　　　址：北京清华大学学研大厦 A 座　　　　邮　　编：100084
　　　　社 总 机：010-83470000　　　　邮　　购：010-62786544
　　　　投稿与读者服务：010-62776969，c-service@tup.tsinghua.edu.cn
　　　　质 量 反 馈：010-62772015，zhiliang@tup.tsinghua.edu.cn
印 装 者：河北华商印刷有限公司
经　　销：全国新华书店
开　　本：185mm×260mm　　印　　张：14.5　　字　　数：350 千字
版　　次：2022 年 6 月第 1 版　　印　　次：2022 年 6 月第 1 次印刷
定　　价：79.80 元

产品编号：090299-01

前 言 Preface

CorelDRAW是Corel公司推出的矢量绘图软件，广泛应用于服装设计、平面设计、广告设计、包装设计、海报设计、插画设计、VI设计等。鉴于CorelDRAW在服装设计中的应用度之高，我们编写了本书。本书选择了服装设计中最为实用的经典案例，涵盖了服装设计的多个应用方向。

本书分为两大部分，第一部分为理论知识，详细介绍服装设计中需要掌握的基础知识和技巧；第二部分为应用型项目实战，从项目的设计思路到制作步骤进行详细介绍，使读者既可以掌握服装设计的行业理论，又可以掌握CorelDRAW的相关操作，还可以了解完整的项目制作流程。

本书共分12章，内容安排如下。

第1章　服装设计基础知识，介绍服装设计的前提条件、服装的造型、服装类型、服饰类型。

第2章　服装设计中的面料与图案，包括服装面料、服装设计中的图案。

第3章　服装设计中的色彩搭配，包括认识色彩，主色、辅助色与点缀色，常用的配色方式。

第4章　常见服装风格，讲解了18类常见的服装风格的应用。

第5～12章为T恤衫款式图设计、衬衫款式图设计、针织服装款式图设计、外套款式图设计、裙装款式图设计、裤装款式图设计、婚纱礼服款式图设计、童装款式图设计。

本书特色如下。

◎ 结构合理。本书第1~4章为服装设计基础理论知识，第5～12章为服装设计的项目应用。

◎ 编写细致。第5～12章详细地介绍了服装设计的项目应用，对每个项目详细介绍了设计思路、配色方案、其他配色方案、同类作品赏析、项目实战和项目步骤。完整度极高，最大限度地还原了项目设计的全流程操作，使读者身临其境般"参与"项目。

◎ 实用性强。精选时下热门应用，充分考虑就业需求和行业应用。

本书采用CorelDRAW 2020版本进行编写。不同版本的软件会有功能上的差异，但基本不影响学习。如需打开案例文件，请使用该版本或更高的版本；如果使用过低的版本，可能会导致源文件无法打开等问题。

本书案例中涉及的企业、品牌、产品以及广告语等文字信息均属虚构，只用于辅助教学使用。

本书由李芳编著，参与本书编写和整理工作的人员还有董辅川、王萍、孙晓军、杨宗香。

本书提供了案例的素材文件、效果文件以及视频文件，扫一扫右侧的二维码，推送到自己的邮箱后下载获取。

由于作者水平有限，书中难免存在疏漏和不妥之处，敬请广大读者批评和指正。

编　者

目 录 Contents

第 1 章

服装设计基础知识

服装是衣服、鞋、包以及各类装饰品的总称，但大多数时候是指穿在人身体上，起到保护和装饰作用的衣服。服装的种类众多，根据服装的基本形态、用途、品种、材料等因素的不同，可以将服装分成不同的类别。根据性别不同，可将服装划分为男装、女装和中性服装；根据用途不同，可将服装划分为日常服装、社交服装（礼服、婚纱等）、装扮服装等。

1.1 服装设计的前提条件

服装设计师在进行服装设计之前需要考虑几个问题，比如所要设计的服装是春夏装还是秋冬装？这件衣服是在办公场所穿还是在家中穿？要给什么样的人穿，是婴儿还是中年男子？

不同的回答对应着不同的设计方案，因此，服装设计师在设计服装之前需要对时间、场合、着装者等因素进行全方位的考量。

1.1.1 时间

不同的季节选择不同的服装，对于服装的面料、材质、颜色等都会有不同的要求；同时参加一些特别的活动对服装设计也提出了特别的要求，例如毕业典礼、结婚庆典等。下图分别为春夏穿着的服装和秋冬穿着的服装。

1.1.2　场合

在生活中处于不同场合对服装也有不同的要求。例如，宴会穿着礼服才能展现宴会的庄重和高端，公司女白领穿着职场女性（Office Lady，OL）风格的衣服才能衬托出自己的职业属性，等等。一款优秀的服装设计必然是服装与环境的完美结合，服装充分利用环境因素，在背景的衬托下才能更具魅力。因此，服装设计师在设计服装时需要针对不同场合的礼仪和习俗的要求来设计。下图分别为女性日常休闲时的着装和参加宴会时的着装。

1.1.3　着装者

服装设计的最终目的是要穿在人的身体上。人体千差万别，美感各有不同，服装造型的目的就是要彰显人体的美，弥补人体的不足。因此在设计之初，服装设计师就需要考虑到服装应当最大限度地符合人体结构规律和运动规律，使之穿着舒适、便于活动。下图分别为成年女性和成年男性穿着的服装。

1.女性人体结构的特点

女性在成长过程中，身体的形态会发生较大的变化。到青春期后，女性胸部开始隆起，腰部纤细，臀部丰满，逐渐形成了女性形体特有的曲线美。少女体型扁平、瘦长，三围差异不是很明显；青年女性较为丰满，胸、腰、臀差较明显；中年女性肌肉开始松弛，胸部下垂，背部前倾，腹部脂肪堆积隆起，腰围、胸围变大。女性体态美感的形成主要体现在躯干和四肢形成的直线与肩、胸、腰、臀形成的曲线上。

2.男性人体结构的特点

男性整体肌肉发达，肩膀宽厚，躯干平坦，腿较上身更长，呈倒三角形。男性年轻时躯干挺直，老年时躯干弯曲。男性还有胖瘦之分，体瘦的男性形态单薄，男性特征不明显；体胖的男性因脂肪堆积而臃肿，也会失去男性的体型特征。

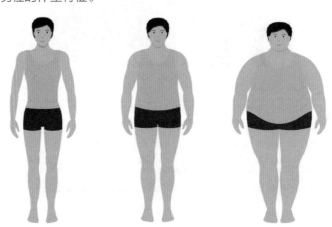

1.2 服装的造型

　　服装的外观造型是服装给人最直观的视觉感受。布料通过裁剪与缝合，会呈现雕塑一般的视觉质感，或与人体紧密贴合，或独立于身体进行延伸或膨胀，服装的造型可谓千变万化。

　　服装造型的分类方式也有很多种，如果按照字母法进行分类，其基本可以归纳成A型、H型、V型、X型四种主要造型，这四种造型的特征都与各自字母的形态相似。

1.2.1　A型造型设计

　　A型服装的特征主要是上装肩部合体，腰部宽松，下摆宽大；而下装则腰部收紧，下摆扩大。在视觉上形成类似字母"A"的上窄下宽的视觉效果。

1.2.2　H型造型设计

　　H型服装以肩膀为受力点，肩部到下摆呈一条直线，款型显得十分简洁修长。

1.2.3 V型造型设计

V型服装的特征主要为上宽下窄，肩部设计较为夸张，下摆处收紧，极具洒脱、干练的效果。

1.2.4 X型造型设计

X型服装的肩部通常会进行一定的造型，显得比较夸张，腰部收紧，下摆扩大，所以也称为沙漏型，是一种能够很好地展示女性躯体美的服装造型。

1.2.5 服装造型设计的常见方式

1.几何造型法

几何造型法是利用简单的几何模块进行重新组合，例如，用透明纸做成几套简单的几何形，包括正方形、长方形、三角形、梯形、圆形、椭圆形等，把这些几何形放在相当比例的人体轮廓上进行排列组合，直到出现满意的轮廓为止。

2.廓形移位法

廓形移位法是指同一主题的廓形用几种不同的构图、表现形式加以处理，展开想象，结合反映服装特征的部位，例如颈、肩、胸、腰、臀、肘、踝等，进行形态、比例、表现形式的诸多变化，从而获得全新的服装廓形。这种廓形设计法既可以用于单品设计，也可以用于系列服装的廓形设计。

3.直接造型法

直接造型法是直接将布料用在模特身上进行造型，通过大头针进行别样的方法完成外轮廓的造型设计。这样的造型方法可以一边创作，一边修改。采用直接造型法的好处在于，不仅可以创造较适体或较反复的服装廓造型，还可以培养设计者良好的服装感觉。

1.3 服装类型

根据服装的用途、材料、品种等元素的不同，可将服装划分为不同的类别。根据服装的穿着组合进行分类，大致可以将其分为上衣、外套、裙子、裤子、套装、礼服、婚纱、童装等。下面列举常见的服装设计项目类型。

1.3.1 上衣

上衣是指穿在身体上部的服装。根据面料、造型、用途等因素的不同，上衣可分为T恤、衬衫、针织衫、吊带/背心、马甲、卫衣、西装等。

这款衬衫由质地柔软轻盈的丝质面料制成，轻薄透气、穿着舒适。面料悬垂感较好，搭配灯笼袖的设计与绑带使服装造型更加飘逸、唯美，提升了服装的设计感，彰显着优雅、温柔的格调。服装领口、前襟以及肩部的镂空蕾丝设计增添了朦胧美，使上衣更加引人注目。

- 衬衫整体采用白色，色彩明度较高，大面积的色彩具有较强的视觉冲击力，给人优雅、纯净的视觉感受。
- 丝质面料带有的通透感赋予服装朦胧、梦幻的美感，更显气质非凡。

CMYK: 5,4,0,0

这款衬衫由真丝面料制成，质地柔软、轻薄通透，穿着舒适。衬衫的款型较为正式，搭配同色百褶半身长裙，呈现优雅、简约、大方的通勤韵味，给人留下优雅、温柔、甜美的印象。

- 衬衫整体采用裸粉色，色调柔和、淡雅，散发出娇俏、甜美的气息。
- 中明度的色彩基调结合真丝面料的光泽感，给人大方、典雅、时髦的视觉感受。

CMYK: 8,23,19,0

这款休闲T恤的款型简单大方，版型合身，穿着舒适；胸前的条纹与数字印花提升了服装的设计感与时髦感。大面积的红色带来强烈的视觉刺激，给人留下个性、新潮、简约的深刻印象。

CMYK：29,85,76,0

CMYK：73,55,35,0

CMYK：1,11,10,0

1.3.2 外套

外套是指穿着在身体最外部的服装，又称作大衣。外套主要是起保暖抗寒的作用，通常放量较大，可以覆盖住上身穿着的其他服装。外套一般包括西装外套、休闲外套、牛仔外套、风衣、夹克、连帽外套、运动外套、薄外套、长外套、短外套、棉外套、呢大衣、斗篷、开衫、皮衣、皮草等。

这款外套由呢绒面料制成，保暖性较好，穿着温暖舒适，质地柔软厚重，凸显成熟、干练的气场。光彩熠熠的胸针饰品丰富了整体服装造型的细节感与层次感，使服装富有设计感与吸引力，给人留下新潮、时尚、个性的深刻印象。

- 外套整体呈棕色，低明度的色彩基调给人成熟、稳重、干练的感觉。
- 棕色外套内搭黄色毛衣，两种色彩明度对比鲜明，带来强烈的视觉效果；同时二者都属于暖色调色彩，服装整体色彩搭配较为和谐，表达出温暖、亲切的视觉效果。

CMYK：54,68,94,17

CMYK：18,19,74,0

CMYK：69,56,37,0

这款夹克版型挺括，裁剪合身，质感厚重细腻，穿着舒适、温暖，给人带来惬意、舒适的穿着体验。衣领、前襟以及袖口的金属垫片装饰增添了一抹机车风，使服装造型更加生动、有型，细节感满满，给人留下潇洒、个性、气度不凡的印象。

- 外套整体呈冷色调，给人帅气、有型、冷静的视觉感受。
- 服装采用蓝色进行设计，中明度的色彩基调视觉刺激较小，给人利落、清爽的感觉。
- 垫片装饰的金属光泽与内搭的闪片上衣相得益彰，服装整体造型新潮、耀眼，给人留下深刻的印象。

CMYK：59,35,12,0

CMYK：87,78,51,16

这款短外套采用经典的黑白两色的搭配，黑色波点元素提升了服装的层次感与设计感，搭配衣领处的蝴蝶结系带使服装整体造型更加精致。内搭粉色连衣裙，展现出甜美、俏皮、温柔的气质。

CMYK：17,33,24,0　CMYK：1,2,2,0

CMYK：90,82,68,50

1.3.3　裙子

裙子是指一种围在腰部以下、没有裤腿的服装。裙子包括连衣裙、半身裙、短裙、裤裙等。裙子是日常生活中较为常见的服装，具有通风散热、穿着方便、美观、样式丰富等优点，深受女性喜爱。

这款连衣裙由薄纱面料制成，质地通透柔软，轻盈飘逸。领口、袖口以及下摆的木耳边尽显灵动、柔美，增强了服装造型的美感。裙身的圆珠和水晶缀饰组合成星体的模样，增添唯美、空灵的韵味，给人留下浪漫、梦幻、优雅的印象。

- 连衣裙整体呈米色，给人温柔、优雅、亲切的感觉。
- 低纯度的色彩基调视觉刺激较小，给人自然、柔和的视觉感受。
- 裙身点缀金色星体图案，丰富了服装的细节，增强了服装的视觉吸引力。

CMYK：8,13,18,0

这款绒面半身裙版型挺括，修身剪裁凸显身材曲线，彰显女性迷人魅力。腿部的开衩设计增强了服装造型的设计感，使服装更加吸睛、时髦。裙身仅以腰带作为点缀，给人优雅、大方、干练的感觉。

- 半身裙以棕色为主色，低明度的暖色给人成熟、沉稳的视觉感受。
- 黑色深沉、经典，搭配成熟的棕色，呈现和谐、自然的视觉效果，给人复古、知性的感觉。
- 紫红色上衣搭配深色半身裙，服装整体造型搭配更具跳跃感，提升了服装的视觉冲击力，给人留下时尚、独特的印象。

CMYK：59,100,63,28

CMYK：45,65,76,3

CMYK：87,86,85,75

这款牛仔短裙呈A字形，腰部收紧，裙摆向下逐渐放宽，视觉上增加了裙身长度，拉长穿着者的腿部线条与身材比例，修饰身形。裙摆的繁复花纹在深蓝色裙身的衬托下更加引人注目，提升了服装的层次感与艺术感，使服装造型更加精致、时尚。

CMYK：7,4,8,0　CMYK：99,95,48,15

CMYK：62,77,82,40

1.3.4　裤子

裤子是指穿在腰部以下的服装。根据面料、款式、用途、穿着者角色的不同，裤子可分为多种类别，包括直筒裤、休闲裤、牛仔裤、西裤、灯笼裤、阔腿裤、喇叭裤、铅笔裤、工装裤、运动裤、短裤、背带裤、裙裤等。男女体型上的差异，造成裤子的结构存在一定差别，女裤的裤长与立档在同样身高的条件下要大于男裤。

这款迷彩工装裤面料质地略微厚重，版型挺括，不易变形；剪裁宽松，便于活动，穿着舒适，修饰腿部线条，搭配马丁靴穿着时，收紧的裤脚更显个性与不羁。迷彩图案呈现中性、运动、休闲的风格，给人帅气、个性、新潮的感觉。

- 工装裤整体呈灰色调，低明度的色彩基调给人深沉、帅气的感觉。
- 服装采用不同明度的灰色进行图案的设计，提升了服装的层次感与设计感。
- 服装以黑色与白色作为辅助色，二者之间形成一定的对比，既增强了服装的视觉冲击力，又保持了较为和谐的视觉效果。

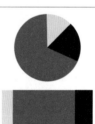

CMYK：11,11,7,0　CMYK：65,59,55,5

CMYK：86,83,83,71

这款九分牛仔裤在穿着时露出纤细的脚踝，同时高腰的设计在视觉上拉长了身材比例，更显身材纤细、高挑。牛仔面料质地较为厚重，版型挺括，穿着舒适，便于活动，是百搭的单品，给人时髦、随性的感觉。

- 牛仔裤整体呈灰蓝色，低纯度的色彩基调对视觉刺激较小，给人随性、自在的感觉。
- 灰蓝色色调柔和、低调，视觉吸引力较弱，搭配高纯度的墨绿色上衣，呈现较为活跃、适宜的视觉效果，充斥着个性、时尚的气息。

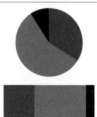

CMYK：82,59,67,18　CMYK：63,47,27,0

CMYK：84,82,81,69

这款阔腿裤由皮革面料制成，质地柔软厚实，穿着舒适、温暖，宽松的版型更显潇洒气度。服装整体呈棕色，搭配黑色上衣穿着，给人留下时髦、干练的深刻印象。

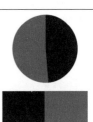

CMYK：84,81,86,72

CMYK：47,64,75,5

1.3.5 套装

套装通常是指上下身配套设计，既有用同一面料制作的服装，也有用不同面料搭配制作的服装。套装包括上下或内外分开的两件套服装，例如，上衣下裤的运动套装、休闲套装、西装套装、职业套装，内外分开的衬衫与外套、马甲与长裙等；上下或内外分开的三件套服装，在两件套的基础上增加了马甲或短款上衣，如三件套西装。套装可以采用不同的色彩与面料进行搭配，但其风格、款式、色调、配饰、图案等元素的搭配要求相对和谐、一致，不可随意搭配。

这款套装呈现优雅、干练的风格，可作为日常、工作、社交等场合的服饰穿着。短裤与西装外套的搭配减弱了西装套装的正式、庄重，更显休闲、随性，给人随性、潮流的感觉。丝绸衬衫印有精美、繁复的图案，为整套服装造型注入了浪漫、优雅的韵味，提升了服装的质感。

- 套装以砖红色为主色，色彩浓郁、饱满，带来强烈的视觉刺激，给人热情、时髦的视觉感受。
- 棕色衬衫搭配砖红色套装，棕色作为辅助色，色彩明度较低，减轻了大面积砖红色的扩张感与紧张感，使服装造型更加沉稳，增添了优雅、成熟的韵味。

CMYK：29,75,64,0

CMYK：43,51,56,0

这款套装呈现优雅、浪漫的风格。服装质地光滑挺括，裁剪利落，凸显大气与端庄。弯曲盘桓的花卉图案富有韵律感与灵动感，结合领口的复古木耳边设计，使服装更具甜美、娇俏、清新的气息，给人留下浪漫、优雅的深刻印象。

- 套装以淡蓝色为主色，宝蓝色为辅助色；服装整体呈蓝色调，给人清新、典雅的视觉感受。
- 套装内搭白色衬衫，纯净、空灵的白色搭配梦幻的淡蓝色，使得服装造型整体更显清爽、典雅。
- 花卉图案采用墨绿色、红色、宝蓝色等多种颜色，增强了服装的视觉吸引力。

CMYK：91,81,9,0　CMYK：9,4,2,0

CMYK：25,14,3,0

这款休闲运动套装以紫色为主色，香槟色为辅助色，结合丝绸面料的光泽感，更显高雅、浪漫，给人留下奢华、时髦的印象。服装面料质地柔软，手感光滑，穿着舒适，便于活动。

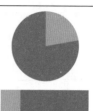

CMYK：24,26,30,0

CMYK：55,52,7,0

1.3.6 礼服

礼服是指在庄重的场合或举行仪式时穿着的服装，特点是庄重、正式、严谨。女士礼服以裙装为基本款式，包括晚礼服、小礼服、婚礼服、套装礼服等。男士礼服包括燕尾服、平口式礼服、晨礼服和西装礼服等。

这款宫廷风礼服配有宽阔的薄纱披风，面料轻盈飘逸，行走间展露出高贵、优雅的韵致；修身剪裁和V字领勾勒出修长玲珑的身形脖颈。薄纱上精美的金线与闪耀的碎钻形成华丽的图案，提升了服装造型的美感，在朦胧间流露出高贵、大气、端庄的气息。

- 礼服整体呈深蓝色，低明度的色彩基调给人优雅、神秘、雍容的视觉感受。
- 披风由深蓝色到灰蓝色的渐变过渡提升了服装造型的层次美感，形成朦胧、梦幻的视觉效果。
- 礼服上大面积的金线与碎钻的点缀，使服装整体造型更加炫目、华丽，增添了奢华、高贵的气息。

CMYK：98,88,54,26

CMYK：66,47,22,0

这款礼服由软缎面料和雪纺面料裁制而成。内层软缎质地柔软光滑，富有光泽感，表面素雅无花，展露出端庄、大气的气质；外层雪纺印有古香古韵的水墨风图案，提升了服装造型的美感与艺术性，给人留下淡雅、端庄、秀美的深刻印象。

- 礼服以淡蓝色为主色，裙身图案由浓淡不一的青蓝色勾勒而成，形成朦胧、渐变的水墨风效果，使服装更显典雅、端庄。
- 服装整体色彩较为清冷、素雅，给人恬淡、平静的视觉感受。

CMYK：23,0,4,0

CMYK：46,18,16,0

这款礼服由轻薄通透的丝质面料制成，裙摆轻盈飘逸，富有出尘、朦胧的美感。丰富、绚丽的碎钻与银线勾勒出华丽繁复的花纹，使服装造型更加炫丽夺目，彰显浪漫、优雅、高贵的气质。

CMYK：0,2,5,0

1.3.7 婚纱

婚纱是指结婚时新娘穿着的一种特制的礼服，既可指身上穿着的婚纱礼服，也可指包括捧花、头纱在内的服饰。随着经济、文化、时代潮流等因素的变化，婚纱的颜色、款式更加丰富多变。婚纱的主要类型有齐地婚纱、蓬蓬裙型婚纱、A字形婚纱、直身婚纱、连身婚纱、大拖尾婚纱、小拖尾婚纱、珠绣婚纱、吊带婚纱、抹胸婚纱、素面婚纱、公主型婚纱、高腰线型婚纱等。

这款一字领露肩婚纱整体由光泽感较好的软缎制成，质地厚密光滑，版型挺括，悬垂性较好，裙摆弧度流畅、自然，能够勾勒出修长姣好的身材；用泡泡袖的造型修饰上臂，可以使新娘在其衬托下更显小臂线条纤细、优美。简洁大气的裁剪不加以多余装饰，使整体造型散发出端庄、高雅、圣洁的气息。

- 婚纱整体采用浅粉色进行设计，给人圣洁、空灵、优雅的感觉。
- 婚纱整体色彩明度极高，大面积的浅粉色纯粹、干净，结合软缎的光泽感，增添雍容、高贵的韵味。

CMYK：0,7,4,0

这款吊带披肩婚纱由软缎与薄纱面料制成，内层软缎裁剪利落大方，缎面素洁无花，散发出端庄、高雅、圣洁的气质。裙身鱼尾拖尾的造型勾勒出新娘玲珑纤长的身形，提升了服装造型的设计感与华丽感。外层薄纱披肩网状纹理密布，为整体服装造型增添了朦胧美感，给人留下梦幻、唯美、优雅的深刻印象。

- 婚纱整体呈白色，给人圣洁、优雅、纯粹的感觉。
- 婚纱外罩的薄纱披肩纹理独特，使得婚纱呈现朦胧、梦幻的视觉效果，给人留下飘逸、空灵、出尘的印象。

CMYK：0,2,2,0

这款抹胸婚纱由薄纱面料制成，整体面料素白无花，给人纯净、素雅、大方的感觉。裙身的立体花朵刺绣提升了造型的层次感与艺术感，使造型更加精致，富有梦幻、朦胧的美感。

CMYK：0,1,0,0

1.3.8 童装

童装，即儿童服装，是指儿童穿着的服装。根据年龄划分，童装可分为婴儿装、幼儿装、小童服装、中童服装、大童服装等。与成人服装相比，人们对童装的面料要求更高，既要确保面料的安全、舒适、环保，以免危害儿童身体健康，又要保证穿着舒适、美观。

这款童装连衣裙由纯棉面料制成，质地柔软轻盈，透气吸汗；版型宽松，穿着舒适，便于活动。裙身印有规整排列的简单几何图案与线条，赋予服装韵律感与灵动感，尽显活泼、俏皮；衣领的花边与垂落的流苏使服装造型更加精致，洋溢着甜美与纯真的气息。

- 连衣裙以米色为主色，色调柔和、温馨，给人温柔、文静的感觉。
- 服装以冷色调的青色作为辅助色，与柔和的米色形成色彩的冷暖对比，给人清爽的视觉感受。
- 裙身倾斜的白色条纹增强了服装造型的层次感与活泼感，使服装更具视觉吸引力。

CMYK：10,18,24,0

CMYK：48,11,25,0

CMYK：7,48,49,0

这款童装套装由柔软贴身的纯棉面料制成，穿着舒适，不刺激皮肤，具有良好的保暖性、透气性，以及吸湿吸热性，便于儿童活动。套装整体呈卡通熊的造型，形象生动可爱，富有趣味性，对孩子有着深深的吸引力。

- 童装以深咖色为主色，低明度的色彩基调给人温暖、简朴、可靠的感觉。
- 服装以黑色和米色作为点缀色，与深咖色形成明度上的鲜明对比，提升了服装造型的层次感。
- 采用黑色刻画卡通熊的皮毛与眼睛，米色刻画面部，使动物形象更加生动有趣，更易获得孩子的喜爱。

CMYK：56,58,62,4

CMYK：12,12,21,0

CMYK：85,82,79,67

这款童装由质地柔软轻薄的羊绒面料制成，穿着舒适保暖，不伤皮肤。衣身精美的刺绣图案，包括黄鹂鸟、蜜蜂、松鼠与花草等多种形象，勾勒出一幅生机盎然的自然景观，给人鲜活、纯真、清新的感觉。

CMYK: 54,68,79,15

CMYK: 78,60,77,25

CMYK: 29,34,38,0

1.4 服饰类型

服饰是包括服装和装饰品在内的用于装饰人体的物品总称。狭义的服饰多指服装的附属品以及装饰品，如鞋、包、帽子、眼镜、发饰、首饰、围巾、腰带、袜子、手套、领带等。

1.4.1 鞋

鞋，是指穿在脚上，以便行走和保护脚部的物品。根据穿着的对象、材料、款式、用途、季节等因素的不同，鞋可分为不同的类别。常见的鞋子有皮鞋、运动鞋、户外鞋、高跟鞋、帆布鞋、拖鞋、登山鞋、休闲鞋、靴子等。

这款真皮马丁靴皮面坚韧平滑，不易磨损撕裂，透气保暖，穿着舒适轻便。鞋面印有古典、华丽的美人绘图案，提升了鞋子的观赏性与艺术性，给人留下艺术、华丽、震撼的深刻印象。

- 马丁靴整体色彩丰富、绚丽，色彩搭配和谐、富有美感，具有较强的视觉冲击力，给人华丽、震撼的感觉。
- 美人绘图案由大量的中明度色彩进行刻画，中明度的色彩基调给人舒适、古典、怡然的视觉感受。
- 精美、古典的美人图富有古韵，充满神秘、浪漫的气息。

CMYK: 53,57,76,5

CMYK: 80,77,90,65

CMYK: 60,42,8,0

CMYK: 7,67,65,0

这款凉鞋鞋身轻便适宜，穿着舒适，不易造成疲惫感和皮肤的磨损。漆光皮面富有光泽感，在阳光的照射下更加耀眼、吸睛；别致的金属翼设计使造型更加精致、独特，富有艺术性，具有较强的视觉吸引力。

- 高跟凉鞋整体呈银色，色彩亮丽、耀眼，给人华丽、高雅的感觉。
- 凉鞋在阳光的照射下更加闪耀、璀璨，带来强烈的视觉刺激，流露出尊贵、雅致的气息。

CMYK：12,11,8,0

这款短靴由绒面革制成，靴面绒毛细致，不易掉色；内里光滑保暖，穿着舒适透气。鞋面金属链条饰物由金属和绒布交织编成，提升了短靴的设计感。短靴整体呈驼色，色调柔和、朴素，给人自然、温柔、优雅的感觉。

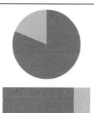

CMYK：38,45,45,0

CMYK：20,15,16,0

1.4.2 包

包，是指随身携带用于放置个人用品的物品，一般包括钱包、钥匙包、零钱包、手拿包、拎包、背包、挎包、公文包、摄影包、休闲包、化妆包等。对于女性而言，它不仅是用来放置随身物品的工具，也是体现自身身份、地位、性格的装饰品；当出席晚宴等重要场合时，女性多会手持一个精致迷你的手拿包。本节所讲的包是指用来装饰服装的附属品。按照样式划分，其包括单肩包、双肩背包、斜挎包、手提包以及化妆包等。

这款手拿包呈圆球形，表面的长绒毛手感柔软、细腻，毛绒质感增添了甜美、可爱的气息。金属链条与人形装饰品相连，形成别致的跳舞的女孩造型，提升了手拿包的艺术性与设计感，给人时尚、个性、独特的深刻印象。

- 手拿包以冷色调的青蓝色为主色，色调清冷、文静，给人清雅、端庄的视觉感受。
- 金属元素与毛绒元素的结合，使得这款手拿包更显独特与个性，具有较强的视觉吸引力。

CMYK：62,33,28,0

CMYK：31,24,23,0

这款手提包由绒面革制成，绒面柔软耐脏，手感柔软细腻；细密的绒毛将包身图案刻画得更加鲜明、生动，描绘出一幅绚丽、缤纷的自然美景，提升了手提包的设计感与艺术性，使其造型更显精致、美观，给人浪漫、梦幻、唯美的感觉。

- 手提包以藏青色为主色，低明度
  的色彩基调给人沉静、优雅、雍
  容的感觉。
- 包身图案采用多种颜色进行搭
  配，形成丰富、绚丽的视觉效
  果，使手提包更加吸睛。
- 手提包以浓郁、深邃的藏青色为
  底，平衡了过多明亮色彩带来的
  视觉刺激，给人优雅、成熟、大
  气的视觉感受。

CMYK：89,66,42,3

CMYK：26,99,100,0

CMYK：4,1,3,0

CMYK：64,27,6,0

这款手提包由绸缎面料手工制
成，表面顺滑柔软，手感细腻，光
泽感较好，色彩较为真实、鲜艳。
简约的卡通星形图案与色块为手
提包注入了甜美、清新、活泼的气
息，凸显浪漫、温柔的品味。手提
包内部容量较大，可容纳较多的随
身物品。

CMYK：10,17,16,0　　CMYK：86,86,67,53

CMYK：10,36,21,0　　CMYK：33,34,6,0

CMYK：48,12,13,0

1.4.3　帽子

帽子是指穿戴在头部的服饰，大多可以遮挡整个头顶，起到保护头部的作用。帽子的种类丰富、形状多变，还起到修饰服装的作用。根据款式的不同，帽子可分为贝雷帽、鸭舌帽、礼帽、草帽、毡帽、无边帽、棒球帽等。

这顶礼帽由羊绒和棉混纺制成，手感柔软，佩戴轻便舒适。帽带周围以多种植物干花进行装饰，赋予礼帽鲜活、自然的美感，造型纯净、清新，给人唯美、浪漫的感觉。

- 礼帽整体呈米白色，浅色调柔
  和、清淡，给人温柔、清新、雅
  致的感觉。
- 帽带的植物花卉洋溢着鲜活、灵
  动的气息，使造型更加贴近自
  然，引人注目。

CMYK：11,17,22,0

CMYK：2,1,4,0

CMYK：36,63,82,0

这顶草帽由韧性较强的拉菲草编织而成，质地柔韧光滑，通风透气，佩戴轻便舒适。草编纹理搭配夏日的浅色着装，演绎出知性、文艺的风采，给人时尚、清爽的感觉。丝质格纹系带点缀造型，增添了甜美、活泼的气息，更显青春、活力。

- 草帽整体呈亚麻色，色彩朴素、自然，给人清爽、亲切的视觉感受。
- 清爽、纯净的蓝白格纹与温暖、朴素的亚麻色形成冷暖的对比，视觉效果鲜明、突出，提升了造型的视觉吸引力。

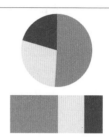

CMYK：25,37,61,0 CMYK：9,7,3,0

CMYK：79,64,41,1

这顶贝雷帽由柔软的羊毛面料制成，质地柔软，佩戴舒适；素白无花，给人纯净、温柔的感觉。米白色缎带的点缀使造型更加精致、生动，提升了优雅的格调，凸显时髦、浪漫的品味。

CMYK：2,1,1,0

CMYK：2,1,8,0

1.4.4　眼镜

眼镜是戴在眼睛上矫正视力或保护眼睛的透镜。如今的眼镜，不仅是一种医疗器具，更是一种装饰用品，是时装的一部分。一副精致的眼镜搭配适宜的妆容与服装，可以更好地展现穿着者的仪容举止。根据镜架形状的不同，眼镜可分为蝴蝶形眼镜、猫眼形眼镜、圆形/椭圆形眼镜、方形眼镜以及不规则形眼镜等。

这款飞行镜由渐变色尼龙镜片和金属镜架组合制成，遮挡一定光线的同时增添了新潮、帅气的气息。白色的镜架与镜片形成一定的冲突感，使其具视觉吸引力，尽显潇洒气质，给人个性、时尚的感觉。

- 眼镜的镜架整体呈白色，给人个性、独特的感觉。
- 镜片呈现墨绿色的渐变，低明度的色彩基调给人朦胧、帅气的感觉。
- 白色镜架与墨绿色镜片色彩对比鲜明，具有较强的视觉吸引力。

CMYK：79,65,96,45

CMYK：3,2,3,0

这款太阳镜由有色尼龙镜片和树脂镜架组合制成，可以尽量地遮挡阳光、减少紫外线对眼睛的刺激，适宜度假、出行佩戴。独特的心形形状更显甜美、可爱，给人时尚、俏丽的感觉。

- 太阳镜整体呈棕色调，给人成熟、时尚、帅气的感觉。
- 眼镜整体色彩明度较低，低明度的色彩基调对视觉刺激较小，给人自然、舒适的视觉感受。

CMYK：58,70,74,20

这款眼镜由深色尼龙镜片和渐变色树脂镜架组合制成，温柔、时尚的蝴蝶形镜片使造型更具设计感，搭配连衣裙、短裤等服装进行佩戴，给人留下时髦、个性的印象。

CMYK：43,66,75,2

1.4.5　发饰

发饰是指用来装饰头发及头部造型的各种物品。发饰的材料、种类、款式各有不同，可根据具体的发型与服装造型选用，一般包括发圈、发梳、发簪、发夹、发卡、发带、发箍、发绳、头冠等。

这款发卡由绢网、贵金属和宝石制成，轻薄透明的绢网呈现朦胧的美感。闪耀的银线拉丝与爪镶宝石勾勒出婉转、别致的造型，提升了发卡的设计感与艺术感，给人优雅、唯美的感觉。

- 发卡整体呈白色，绢网轻薄透明，增添了朦胧的美感，使其更显梦幻、空灵。
- 闪耀的银线与宝石增强了发卡的视觉吸引力，引人注目。

CMYK：0,0,0,0

这款发卡由鲜活、自然的植物花卉编织而成，造型唯美、别致，富有自然气息。清爽、宜人的植物花卉提升了饰品的美感与视觉吸引力，给人清新、梦幻、自然的印象。

- 发饰整体色彩鲜活、丰富，充满自然气息，给人清爽、愉悦的视觉感受。
- 黄色的向日葵色彩明度较高，带来强烈的视觉刺激，更易吸引观者的视线。

CMYK：11,12,57,0

CMYK：0,0,0,0

CMYK：42,30,46,0

这条丝绸丝巾质地柔软光滑，富有光泽感；绸面细腻光洁，将绚丽、精致的手绘图案的色彩表现得较为真实、灵动，提升了饰品的艺术感与设计感，尽显优雅、时尚格调。

CMYK：1,11,8,0

CMYK：37,87,76,2

CMYK：37,11,15,0

1.4.6 首饰

首饰，原指戴在头上的装饰品，现泛指对服装起到装饰作用的各种配饰，多由贵金属、宝石、珍珠、半宝石等加工而成。首饰既起到装饰服装的作用，又体现穿戴者的身份、地位以及财富状况等，一般包括项链、耳环、胸针、手表、手链/手镯、戒指、臂环等。

这款耳环采用18K黄金手工打造，甜美的心形散发出温柔、浪漫的气息；嵌有钻石的白金丘比特之箭穿过爱心中央的蓝宝石，提升了饰品的设计感与艺术感，造型精致、唯美，给人带来美的享受。

- 耳环以金色为主色，色泽闪耀、炫目，给人华丽、醒目的感觉，具有较强的视觉吸引力。
- 耳环中心镶嵌的蓝宝石与黄金形成色彩的冷暖对比，带来强烈的视觉效果，使饰品更加吸睛。

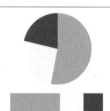

CMYK：11,23,53,0   CMYK：0,0,4,0

CMYK：80,72,14,0

这款细圆条手镯由9K黄金制成，手镯圈口较小，更显纤细、秀气。手镯配有陶瓷贝壳吊坠，中心点缀有鲜艳、通透的绿松石，增强了饰品的设计感与吸引力，使其更加吸睛、耀眼。

- 手镯以金色为主色，色泽亮丽、耀眼，给人华丽的视觉感受。
- 象牙白色的陶瓷吊坠色彩柔和、自然，给人温柔、优雅的感觉。
- 绿松石色泽通透，给人清爽、澄净的感觉，在象牙白色的吊坠的衬托下更加醒目、耀眼，具有较强的视觉吸引力。

CMYK：13,21,34,0

CMYK：12,18,18,0

CMYK：54,20,18,0

这款项链由玫瑰金制成，吊坠中心镶嵌有圆形蛋白石，四周以多颗碎钻加以点缀，形似耀眼的太阳，提升了饰品造型的设计感与美感，给人时尚、优雅、精致的感觉。

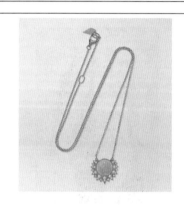

CMYK：22,16,31,0

CMYK：8,3,5,0

CMYK：26,51,57,0

1.4.7 围巾

围巾是指围在脖子上保暖、保护衣领或做装饰的针织品或纺织品，通常由羊毛、棉、丝、腈纶、涤纶等材料制成，一般呈长条形、方形、三角形等，长围巾的两端有时会缀有流苏。

这条围巾由羊毛材料织成，质地柔软，手感细腻，保暖性较好，佩戴舒适。简单的色块图案展现出简约的风格，给人简单、利落的感觉。围巾尾端缀有流苏，使造型更加精致、吸睛。

- 围巾的图案采用多种颜色进行设计，色彩纯度较高，带来强烈的视觉刺激，给人留下深刻的印象。
- 大面积粉色、灰色与米色等低纯度色彩的运用，均衡了红色与蓝色等浓郁色彩的视觉冲击性，给人舒适、独特的感觉。

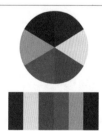

CMYK：44,99,99,12　CMYK：6,8,11,0

CMYK：49,63,93,7　CMYK：82,53,23,0

CMYK：14,39,31,0　CMYK：93,96,47,17

这条围巾由柔软的羊毛织就，质地柔软，编织细密，佩戴舒适温暖。甜美、浪漫的心形图案由米白色和粉色搭配而成，充满温柔、青春的气息；围巾尾端的流苏作为点缀，使围巾造型更加精致。

CMYK：6,8,11,0

CMYK：37,82,39,0

CMYK：81,87,49,16

这条围巾由粗毛线织就，质地柔软，保暖性较好，给人温暖、亲切的感觉。围巾以白色为主色，红色与蓝色为辅助色，条纹排列有序，提升了围巾的韵律感与层次感，给人留下时尚、个性的印象。

CMYK：61,48,12,0   CMYK：2,1,6,0

CMYK：10,25,54,0   CMYK：38,100,97,4

1.4.8　腰带

腰带是指系扎在腰部，具有装饰性及实用性的物品。作为服装的配饰，腰带不仅起到收束裤腰、装饰服装的作用，而且当它处于合适的位置时，可以在视觉上提高腰线的位置，拉长身形，修饰身材比例。腰带的材质一般是皮革、帆布、金属、编织物、纺织品等，根据用料与形状的不同，其可分为宽腰带、细腰带、缠绕腰带、链条腰带、丝巾腰带等。

这款宽腰带由坚韧的皮革制成，质地坚韧耐磨，不易变形、损坏。腰带带身覆满华丽、复古的刺绣图纹，搭配古朴、雅致的泰银搭扣，使腰带的造型更加华丽、亮眼，给人复古、优雅、华丽的感觉。

- 腰带以青蓝色和橙色为主色，色彩鲜艳、饱满，具有较强的视觉冲击力，给人留下深刻的印象。
- 复古的泰银搭扣色泽较为暗淡，充满陈旧、古典的气息。
- 腰带整体色彩绚丽、鲜艳，带来强烈的视觉刺激，引人注目。

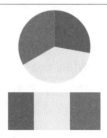

CMYK：78,39,35,0   CMYK：5,3,13,0

CMYK：24,46,77,0

这款纯银腰带镶嵌有璀璨夺目的水晶，光泽绚丽，具有较强的视觉吸引力，给人留下时髦、优雅、华丽的深刻印象。背部设有可调节链环，便于搭配服装造型。

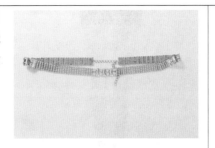

CMYK：16,12,11,0

这款腰带由柔韧的皮革制成，坚韧耐磨，不易损坏。深棕色的哑光皮革色彩庄重，质感厚重大气，凸显成熟、内敛的格调。同色花朵装饰增添了浪漫与优雅的气息，给人优雅、奢华的感觉。

CMYK：63,71,75,28

1.4.9 袜子

袜子，是指穿在脚上的服饰，起到保护脚部的作用，通常由棉、毛、丝、化学纤维等织成或用布缝成。袜子一般可分为长筒袜、中筒袜、短筒袜、船袜、连裤袜、丝袜、棉袜等。

这款长筒袜由包芯丝材料制成，质地柔软，轻薄透气，穿着舒适。卡通企鹅的形象富有趣味性，洋溢着青春、活泼的气息，给人可爱、俏皮的感觉。

- 长筒袜以黑色为主色，色彩明度极低，给人内敛、沉静的感觉。
- 卡通企鹅图案采用红色和白色进行搭配设计，在沉静的黑色的衬托下，更加鲜明、突出，具有较强的视觉吸引力。

CMYK：80,81,83,67

CMYK：4,1,3,0

CMYK：40,100,100,6

这款丝袜采用灰色与黑色进行设计，墨色的水墨风植物图案富有朦胧的晕染美感，极具层次感与艺术性，具有较强的吸引力与辨识度，给人素雅、古朴的感觉。

CMYK：24,23,22,0

CMYK：80,82,79,65

这款短袜样式简洁大方，以简单的黑色线条勾勒出抽象的人物图案，充满趣味性与设计感，给人留下自由、独特、个性的深刻印象。

CMYK：0,2,2,0

CMYK：80,81,83,67

第 2 章

服装设计中的面料与图案

面料与图案是服装设计中非常重要的部分。服装的面料影响服装的质地、品质和格调，常见的服装面料包括雪纺、蕾丝、羊毛、丝绸、棉麻、呢绒、皮革、薄纱、麻织、牛仔等。而图案则决定了服装表面呈现的纹样效果和风格，常见的服装图案类型包括植物、动物、人、风景、文字、卡通、色块和抽象图案等。

2.1 服装面料

服装面料的类别较多，常见的有雪纺、蕾丝、羊毛、丝绸、棉麻、呢绒、皮革、薄纱、麻织、牛仔等。

2.1.1 雪纺

雪纺面料质地轻薄通透、手感柔软，悬垂性好，多为浅色调与素淡色彩，给人典雅、端庄之感。

这款长裙由雪纺面料制成，质地轻盈柔软，透气性较好。简洁大方的款式，没有多余的装饰物，给人清爽、简单的视觉感受。收腰的设计突出腰线，勾勒出玲珑的身形。不规则裁剪露出左腿，使服装造型更加灵动，增添了活泼、轻快的气息，具有较强的设计感。

● 这款长裙整体呈淡粉色，色调清淡、清新，给人温柔、优雅的感觉。
● 服装整体色彩纯度较低，色彩的视觉冲击力较小，给人柔和、自然的视觉感受，易给人留下典雅、温柔的印象。

CMYK: 3,13,9,0

推荐色彩搭配：

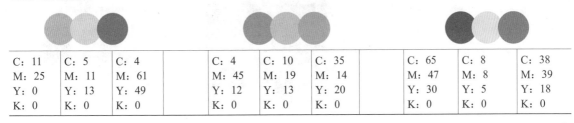

C: 0	C: 5	C: 22		C: 1	C: 20	C: 28		C: 51	C: 26	C: 2
M: 15	M: 4	M: 0		M: 25	M: 15	M: 26		M: 15	M: 3	M: 0
Y: 13	Y: 0	Y: 4		Y: 14	Y: 13	Y: 9		Y: 20	Y: 15	Y: 14
K: 0	K: 0	K: 0		K: 0	K: 0	K: 0		K: 0	K: 0	K: 0

2.1.2 蕾丝

蕾丝是由锦纶、涤纶、棉、人造丝为主要原料，以氨纶或者弹力丝为辅助材料制成的面料。蕾丝面料质地轻薄柔软，由它制成的服装具有优雅、浪漫、甜美等特点；缺点是易变形、起球。

这款蕾丝上衣衣身设计有大量优美的镂空图案，散发出浓浓的浪漫、优雅的气息。甜美的灯笼袖与衣襟的层层花边更好地装饰了服装，使服装造型更加精致、美观，增强了服装的视觉吸引力。

● 这款上衣整体采用白色，给人干净、优雅的视觉感受。
● 这套服装将白色上衣与色彩丰富的短裤搭配在一起，呈现清爽、活泼的视觉效果，更显青春活力。

CMYK: 76,19,47,0　CMYK: 3,5,10,0

CMYK: 19,15,22,0　CMYK: 10,35,21,0

推荐色彩搭配：

C: 11	C: 5	C: 4		C: 4	C: 10	C: 35		C: 65	C: 8	C: 38
M: 25	M: 11	M: 61		M: 45	M: 19	M: 14		M: 47	M: 8	M: 39
Y: 0	Y: 13	Y: 49		Y: 12	Y: 13	Y: 20		Y: 30	Y: 5	Y: 18
K: 0	K: 0	K: 0		K: 0	K: 0	K: 0		K: 0	K: 0	K: 0

2.1.3 羊毛

羊毛可分为梭织面料和针织面料。纯羊毛面料大多质地细腻柔软，呢面光滑，光泽柔和，富有弹性，制成的服装不易起褶皱，版型挺括。羊毛具有良好的保暖性、吸湿性、耐用性，穿着舒适保暖、不易损坏，可作为大衣、西装等服装的面料。

这款开衫由羊毛面料制成，色泽柔和、清淡，散发出温和、亲切的气质。羊毛面料质地温暖柔软，穿着舒适保暖，宽松的针脚更显时尚韵味，给人温柔、优雅的视觉感受。

- 这款开衫整体采用柔和的米色进行设计，低纯度的色彩基调不会带来过多的视觉刺激，给人柔和、自然的视觉感受。
- 藏蓝色色彩纯度较高，给人沉稳、平静的感觉，搭配浅色调的米色，呈现平和、自然的视觉效果，使服装造型更具视觉吸引力。

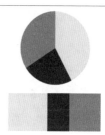

CMYK: 4,10,12,0　CMYK: 93,78,53,20

CMYK: 62,33,18,0

推荐色彩搭配：

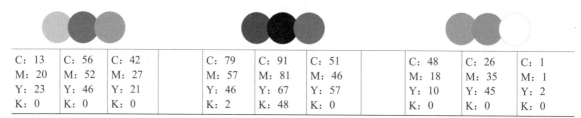

C: 13 M: 20 Y: 23 K: 0	C: 56 M: 52 Y: 46 K: 0	C: 42 M: 27 Y: 21 K: 0	C: 79 M: 57 Y: 46 K: 2	C: 91 M: 81 Y: 67 K: 48	C: 51 M: 46 Y: 57 K: 0	C: 48 M: 18 Y: 10 K: 0	C: 26 M: 35 Y: 45 K: 0	C: 1 M: 1 Y: 2 K: 0

2.1.4 丝绸

丝绸具有柔软光滑、轻薄贴身、透气性强、散热性好、抗紫外线、色泽绚丽、面料流动感较强等特点。

这款礼服由丝绸面料制成，质地细腻轻盈，触感柔软、光滑，穿着清凉透气。光滑的面料与绚丽的颜色使服装呈现华丽、雍容的视觉效果，给人华美、典雅的感觉。精美的宝石与刺绣图案的点缀，提升了服装的设计感与吸引力，使服装造型更加唯美，给人带来视觉上的享受。

- 这款礼服以青色为主色，平滑的面料更显绚丽，给人华丽、神秘的感觉。
- 低明度的深蓝色作为辅助色搭配青色，呈现神秘、梦幻的视觉效果，更显雍容、大气。

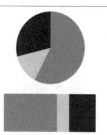

CMYK: 75,15,23,0　CMYK: 16,12,11,0

CMYK: 94,80,51,18

推荐色彩搭配:

C: 43	C: 8	C: 29		C: 9	C: 18	C: 30		C: 18	C: 15	C: 21
M: 24	M: 9	M: 34		M: 28	M: 78	M: 30		M: 11	M: 11	M: 46
Y: 25	Y: 7	Y: 0		Y: 11	Y: 55	Y: 10		Y: 56	Y: 2	Y: 53
K: 0	K: 0	K: 0		K: 0	K: 0	K: 0		K: 0	K: 0	K: 0

2.1.5　棉麻

　　棉麻质地柔软、透气吸汗、不刺激皮肤、贴身舒适、不易卷边,不易掉色、染色,还可以起到按摩身体的作用。其可用于制作春夏衬衫、连衣裙、外套等服装。

　　这款套装的上衣与短裙皆由棉麻面料制成,质地柔软,不刺激皮肤,透气性较好,穿着舒适;服装裁剪利落,款式简单大方,给人自然、清爽的感觉。

- 这款套装采用白色与米灰色两种颜色进行搭配,色调柔和、清淡,给人温柔、亲切的感觉。
- 服装整体色彩纯度较低,色彩的视觉冲击力较弱,给人自然、柔和的视觉感受。

CMYK: 0,1,0,0

CMYK: 23,18,20,0

推荐色彩搭配:

C: 14	C: 2	C: 31		C: 54	C: 2	C: 19		C: 57	C: 94	C: 25
M: 12	M: 3	M: 27		M: 58	M: 2	M: 26		M: 46	M: 83	M: 0
Y: 11	Y: 13	Y: 28		Y: 55	Y: 0	Y: 29		Y: 51	Y: 33	Y: 15
K: 0	K: 0	K: 0		K: 1	K: 0	K: 0		K: 0	K: 1	K: 0

2.1.6　呢绒

　　呢绒面料的弹性和抗皱性较好、手感柔软,常用来制作礼服、西装、大衣等较为正式、高档的服装。

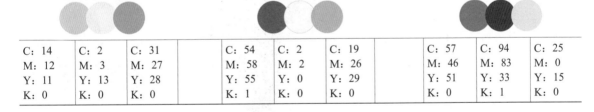

　　这款大衣由羊绒材料制成,质地柔软细腻,保暖性较强,穿着舒适。大衣版型挺括,不易变形,便于打理;较长的尺寸做到了较好的保暖性的同时更显潇洒风度,展现出穿着者高雅、大气的气质。

- 这款大衣整体采用红色，高纯度的色彩基调极具视觉冲击力，给人热烈、魅力十足的感觉，能够更好地展现女性的迷人气质。
- 黑色沉稳、成熟，以色彩明度极低的黑色作为辅助色与红色进行搭配，减轻了过多红色带来的视觉刺激，给人成熟、大气、雍容的感觉。

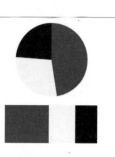

CMYK：38,100,91,3　CMYK：4,4,2,0

CMYK：89,85,80,71

推荐色彩搭配：

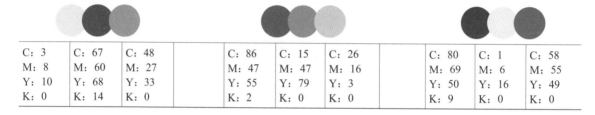

C: 3	C: 67	C: 48		C: 86	C: 15	C: 26		C: 80	C: 1	C: 58
M: 8	M: 60	M: 27		M: 47	M: 47	M: 16		M: 69	M: 6	M: 55
Y: 10	Y: 68	Y: 33		Y: 55	Y: 79	Y: 3		Y: 50	Y: 16	Y: 49
K: 0	K: 14	K: 0		K: 2	K: 0	K: 0		K: 9	K: 0	K: 0

2.1.7 皮革

　　皮革包括真皮、再生皮和人造革。真皮柔软、轻盈，保暖、透气性强，纹理自然，不易掉色；再生皮价格低廉，但面料质地厚重，弹性、强度较差；人造革常用来代替部分真皮面料使用。

　　这款皮革直筒裤的保暖性较好，穿着舒适，给人带来愉悦的穿着感受。皮革纹理自然、色彩厚重，给人野性、雍容的感觉。直筒裤的版型修身，能够更好地展现出腿部线条，凸显女性的迷人魅力。

- 这款长裤以棕色为主色，黑色为辅助色，色彩明度较低，给人成熟、雍容的感觉。
- 长裤上的蛇纹图案呈现野性、时尚的视觉效果，具有较强的视觉吸引力。

CMYK：46,74,75,7　CMYK：2,5,4,0

CMYK：44,100,100,12

推荐色彩搭配：

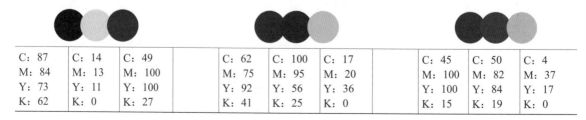

C: 87	C: 14	C: 49		C: 62	C: 100	C: 17		C: 45	C: 50	C: 4
M: 84	M: 13	M: 100		M: 75	M: 95	M: 20		M: 100	M: 82	M: 37
Y: 73	Y: 11	Y: 100		Y: 92	Y: 56	Y: 36		Y: 100	Y: 84	Y: 17
K: 62	K: 0	K: 27		K: 41	K: 25	K: 0		K: 15	K: 19	K: 0

2.1.8　薄纱

薄纱质地轻薄通透，有较强的层次感和通透感，使服装更具朦胧的美感。薄纱面料吸湿透气、柔软轻薄、穿着舒适、色彩亮丽、轻盈透明，具有优雅、浪漫、神秘的特点。

这款礼服由薄纱面料制成，质地柔软，轻盈通透，悬垂感较好，穿着后更显飘逸、出尘。内层的蕾丝设计提升了礼服的层次感与设计感，精致的花朵装饰物与宝石使服装造型更加甜美、浪漫，尽显梦幻、空灵。

- 这款礼服整体采用粉色进行设计，色调温柔、清淡，给人甜美、浪漫、梦幻的感觉。
- 服装整体呈浅色调，表现出轻快、柔和的色彩情绪，给人清爽、朦胧的视觉感受。

CMYK: 8,34,19,0

推荐色彩搭配：

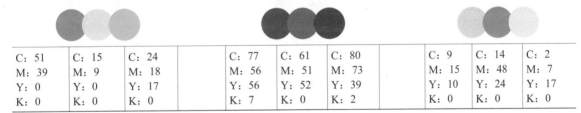

C: 51 M: 39 Y: 0 K: 0	C: 15 M: 9 Y: 0 K: 0	C: 24 M: 18 Y: 17 K: 0		C: 77 M: 56 Y: 56 K: 7	C: 61 M: 51 Y: 52 K: 0	C: 80 M: 73 Y: 39 K: 2		C: 9 M: 15 Y: 10 K: 0	C: 14 M: 48 Y: 24 K: 0	C: 2 M: 7 Y: 17 K: 0

2.1.9　麻织

麻织面料具有韧性强、轻薄透气、吸湿吸热、不易受潮发霉、不易褪色的特点，多用来制作夏装，穿着舒适、凉爽吸汗、挺括有型。其缺点是整齐度差，服装表面粗糙。

这款无袖上衣由亚麻面料制成，质地轻薄，透气性较好，穿着舒适、凉爽。腰间系带收束腰部，勾勒出纤细的腰间曲线，凸显女性魅力。细密的条纹提升了服装的层次感与设计感，使服装造型更加生动吸睛。

- 这款上衣整体呈灰色调，低纯度的色彩基调给人亲切、温柔的视觉感受。
- 清爽、干净的白色作为辅助色搭配灰色，使服装整体呈现自然、朴素的视觉效果，给人朴实、柔和的感觉。

CMYK: 31,24,24,0

CMYK: 0,0,0,0

推荐色彩搭配：

C：27 M：31 Y：33 K：0	C：92 M：87 Y：88 K：79	C：2 M：8 Y：18 K：0		C：2 M：7 Y：10 K：0	C：28 M：28 Y：32 K：0		C：51 M：42 Y：40 K：0	C：51 M：27 Y：32 K：0	C：16 M：23 Y：15 K：0

2.1.10 牛仔

牛仔面料质地紧密厚实，穿着舒适，织纹清晰，缩水率小，色泽鲜艳，多用于制作牛仔裤、牛仔上装、牛仔背心、牛仔裙装等服装。

这套服装搭配中的上衣与长裤均由牛仔面料制成，整体风格较为统一、和谐；长裤与短衬衫的搭配提高腰线，拉长身形，修饰了身材比例。衬衫的色块拼接增强了服装的层次感与设计感，使服装更具视觉吸引力。

- 这套服装搭配整体呈蓝色调，给人清爽、休闲的感觉。
- 服装整体色彩饱和度较低，色彩的视觉冲击力较小，给人柔和、清爽的视觉感受。
- 衬衫衣身采用不同明度的色块进行拼接，提升了服装的层次感与动感。

CMYK：62,40,20,0　CMYK：95,84,41,6

CMYK：96,88,55,29

推荐色彩搭配：

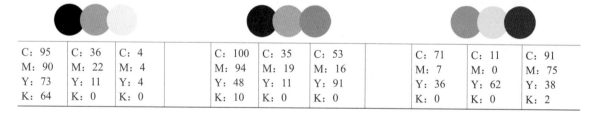

C：95 M：90 Y：73 K：64	C：36 M：22 Y：11 K：0	C：4 M：4 Y：4 K：0		C：100 M：94 Y：48 K：10	C：35 M：19 Y：11 K：0	C：53 M：16 Y：91 K：0		C：71 M：7 Y：36 K：0	C：11 M：0 Y：62 K：0	C：91 M：75 Y：38 K：2

2.2 服装设计中的图案

图案元素可以丰富服装的视觉效果，也可以非常容易地赋予服装"性格"。常见的服装图案类型有植物图案、动物图案、人物图案、风景图案、卡通图案、几何图案、抽象图案和文字图案等。

2.2.1 植物图案

植物元素是服装图案中运用较多的元素，包括各种花卉、树叶、藤蔓、果实等。

这款长裙裙身采用花卉图案印花，生动、自然的花卉与鸟的图案给人清新、唯美、别致的视觉感受。花团锦簇的绣球花生动地展现出一派春日景色，赋予服装造型鲜活、清新的气息，增强了服装的视觉吸引力，给人留下自然、清新、浪漫的深刻印象。

- 长裙以白色为主色，给人干净、简约的感觉，更显裙身图案鲜活、自然，富有生机。
- 花卉图案采用粉色、蓝色、紫色等多种色彩进行设计，色彩丰富、雅致，与绿叶相映成趣，洋溢着清新、淡雅的气息，给人带来视觉上的享受。

CMYK: 42,37,8,0　CMYK: 0,1,0,0　CMYK: 36,16,9,0

CMYK: 17,46,4,0　CMYK: 56,29,61,0

推荐色彩搭配：

C: 29 M: 82 Y: 78 K: 0	C: 1 M: 13 Y: 10 K: 0	C: 11 M: 43 Y: 71 K: 0		C: 65 M: 45 Y: 100 K: 3	C: 6 M: 19 Y: 27 K: 0	C: 84 M: 80 Y: 84 K: 69		C: 12 M: 24 Y: 75 K: 0	C: 22 M: 13 Y: 39 K: 0	C: 82 M: 44 Y: 83 K: 5

2.2.2 动物图案

动物图案的灵活性与适用性要弱于植物图案，但动物图案更加活跃、生动。动物的形象、姿态各不相同，使服装呈现的风格便各不相同、各有特色。

这款上衣衣身的狼图案以写实手法进行刻画，图案形象逼真，增强了服装的视觉吸引力。图案采用灰紫、灰、白三种色彩进行设计，整体色彩搭配较为和谐、自然，活灵活现的动物图案使得服装更加夺目，给人留下充满个性、时尚的深刻印象。

- 上衣以深紫色为底色，色彩明度较低，形成后退的视觉效果，使得动物图案更加突出、鲜明，极具视觉吸引力。
- 动物图案采用灰紫、灰、白三色，将纤细的动物毛发刻画得细致、真实，使动物形象更加生动、形象。

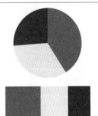

CMYK: 61,53,15,0　CMYK: 4,6,2,0

CMYK: 77,71,58,19

推荐色彩搭配：

C: 16 M: 19 Y: 32 K: 0	C: 88 M: 87 Y: 84 K: 76	C: 47 M: 69 Y: 64 K: 3		C: 18 M: 38 Y: 84 K: 0	C: 84 M: 73 Y: 69 K: 42	C: 39 M: 99 Y: 100 K: 5		C: 53 M: 33 Y: 81 K: 0	C: 59 M: 39 Y: 46 K: 0	C: 3 M: 2 Y: 18 K: 0

2.2.3 人物图案

服装中的人物图案是将现实生活中的人物形象通过一定的设计加工，改变其原有的造型、结构、色彩，起到装饰服装的作用，给人独特、个性的视觉感受。

这款连衣裙裙身的人物图案以留白的手法刻画而成，人物图案的眼睛较为逼真、生动，鼻子与皮肤则更加写意，脸部的空白部分给人留下丰富的想象空间，增强了服装的视觉吸引力，给人独特、个性、时尚的感觉。

- 这款连衣裙以黑色为主色，低明度的色彩基调给人神秘、未知的视觉感受。
- 浓郁、饱满的黄色与黑色形成明度的强烈对比，带来鲜明的视觉效果，增强了服装的视觉冲击力。
- 服装整体色彩纯度较高，深沉的墨绿色与黑色散发出神秘、深邃的气息，给人留下深刻的印象。

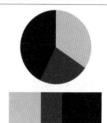

CMYK：6,13,75,0　CMYK：89,53,97,24

CMYK：84,78,82,66

推荐色彩搭配：

C: 0	C: 60	C: 84		C: 12	C: 25	C: 58		C: 12	C: 91	C: 21
M: 26	M: 53	M: 79		M: 18	M: 18	M: 40		M: 61	M: 56	M: 54
Y: 25	Y: 0	Y: 76		Y: 69	Y: 5	Y: 100		Y: 34	Y: 99	Y: 63
K: 0	K: 0	K: 61		K: 0	K: 0	K: 0		K: 0	K: 30	K: 0

2.2.4 风景图案

服装中的风景图案是将自然的风景元素进行一定的归纳整理与加工，再将其运用到服装中，极大地增强了服装的艺术性与美感。春江秋月、亭台楼阁、花鸟鱼虫的图案让人们在欣赏的同时，更会带给人们开阔、自然、恬淡的心理感受。

这款长裙采用优美的风景图案进行设计，平静的江面与挺拔的桃花树形象生动地刻画出一幅静谧、唯美的月夜江景，给人绮丽、宁静的视觉感受。风景图案的运用极大地提升了服装的视觉吸引力与艺术性，给人深刻的印象。

- 这款长裙以内敛、柔和的深紫色为主色，给人雅致、唯美的感觉。
- 服装整体色彩明度较低，呈现宁静、自然的韵味，具有较强的艺术感。

CMYK：7,12,2,0　CMYK：56,52,24,0

推荐色彩搭配：

C：68 M：67 Y：38 K：0	C：20 M：12 Y：13 K：0	C：5 M：33 Y：9 K：0		C：10 M：12 Y：32 K：0	C：1 M：78 Y：93 K：0	C：4 M：29 Y：89 K：0	C：64 M：33 Y：25 K：0	C：99 M：89 Y：46 K：12	C：15 M：29 Y：64 K：0

2.2.5　卡通图案

卡通图案通常可爱、有趣、生动，风格鲜明、可识别性强，具有较强的视觉吸引力。

这款连衣裙裙身的抽象卡通人物图案富有趣味性，给人有趣、滑稽的感觉。通过卡通图案的点缀使服装造型更加别致、独特，增强了服装的辨识度与吸引力，给人留下个性鲜明、别出心裁的深刻印象。

- 这款连衣裙以黑色为主色，形成伸缩、后退的视觉效果，给人内敛、沉静的视觉感受。
- 卡通人物图案以白色为主色，在黑色裙身的衬托下更加醒目、鲜明，增强了服装的视觉吸引力。

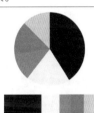

CMYK：86,85,74,63　CMYK：3,2,2,0

CMYK：0,62,23,0　CMYK：38,54,4,0

CMYK：3,19,29,0

推荐色彩搭配：

C：0 M：25 Y：12 K：0	C：11 M：33 Y：81 K：0	C：3 M：5 Y：4 K：0		C：84 M：68 Y：57 K：18	C：8 M：6 Y：6 K：0	C：21 M：30 Y：56 K：0	C：19 M：99 Y：100 K：0	C：60 M：2 Y：11 K：0	C：50 M：41 Y：39 K：0

2.2.6　几何图案

简单的色块拼接具有较强的视觉冲击力，不同色彩的强烈碰撞可以带来震撼的视觉效果。服装设计师将不同材质和色彩的面料拼接在一起，可以使服装的风格更加独特。

这款外套的图案由多种不同颜色的几何图形拼接而成，不同颜色的色块之间以有规律的拼接方式进行组合，使服装造型呈现特殊的秩序感与韵律感，具有较强的视觉冲击力，给人留下深刻的印象。

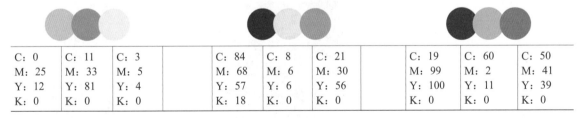

- 这款外套采用蓝色、墨绿色、粉色、米白色、黑色、橙黄色六种颜色进行设计，形成丰富、绚丽的视觉效果，极具层次感与冲击力。
- 服装整体色调明度较低，减轻了过多高纯度色彩带来的繁杂感与视觉刺激，提升了服装的格调，使其更加吸睛。

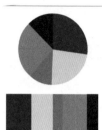

CMYK: 90,62,79,37　CMYK: 10,11,24,0

CMYK: 25,57,95,0　CMYK: 19,56,42,0

CMYK: 56,36,23,0　CMYK: 86,84,76,65

推荐色彩搭配：

C: 0	C: 27	C: 88		C: 53	C: 11	C: 12		C: 50	C: 85	C: 18
M: 29	M: 30	M: 83		M: 8	M: 19	M: 65		M: 32	M: 54	M: 47
Y: 6	Y: 24	Y: 41		Y: 27	Y: 17	Y: 33		Y: 23	Y: 72	Y: 80
K: 0	K: 0	K: 5		K: 0	K: 0	K: 0		K: 0	K: 16	K: 0

2.2.7　抽象图案

抽象图案是对具体的设计元素进行夸张的加工，使其与原本的形象形成较大的差异。与其他图案相比，抽象图案更加随意、更加有个性，更具艺术感染力。

这款连衣裙裙身独特的抽象图案通过抽象化的加工形成，图案中的点、线、面经过简单的调整呈现别致、个性的视觉效果，提升了服装造型的艺术感与辨识度，增强了服装的视觉吸引力。

- 这款连衣裙采用橙黄色、红色、紫色、黑色、青蓝色、白色等六种色彩进行设计，服装色彩浓郁、绚丽，带来强烈的视觉刺激。
- 大面积地使用红色、紫色与黄色三种色彩，给人热烈、张扬、外放的视觉感受。青蓝色的加入使服装表达出的色彩情绪更加均衡。

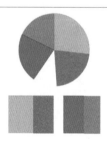

CMYK: 0,32,43,0　CMYK: 47,49,0,0

CMYK: 0,0,0,0　CMYK: 0,76,59,0

CMYK: 73,18,23,0

推荐色彩搭配：

C: 14	C: 71	C: 83		C: 87	C: 19	C: 53		C: 22	C: 31	C: 37
M: 6	M: 0	M: 81		M: 60	M: 36	M: 73		M: 50	M: 86	M: 23
Y: 3	Y: 48	Y: 65		Y: 40	Y: 18	Y: 74		Y: 29	Y: 93	Y: 18
K: 0	K: 0	K: 43		K: 1	K: 0	K: 14		K: 0	K: 0	K: 0

2.2.8 文字图案

文字不仅可以较快地传递信息，对其进行加工设计后，还能起到装饰作用。追求个性的年轻人，多选择在运动类服装中使用变形较夸张的文字。

这款连衣裙裙身的文字图案经过适当的变形设计后更显诙谐、有趣，与卡通图案相互映衬，提升了服装造型的趣味性与视觉吸引力，给人可爱、活泼、青春的感觉，表现出穿着者活泼、明快的心情。

- 这款连衣裙以浅黄色为主色，黑色与红色作为辅助色，形成纯度的对比，增强了服装的视觉吸引力。
- 服装整体色彩的明度较高，视觉上的距离感较弱，给人亲切、活泼的感觉。
- 黑色文字在浅黄色裙身的衬托下更加醒目、鲜明，可以更好地传递信息。

CMYK: 5,4,35,0　　CMYK: 81,79,81,64

CMYK: 9,8,9,0　　CMYK: 28,99,93,0

推荐色彩搭配：

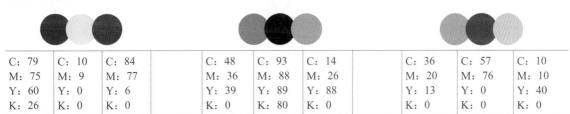

C: 79	C: 10	C: 84		C: 48	C: 93	C: 14		C: 36	C: 57	C: 10
M: 75	M: 9	M: 77		M: 36	M: 88	M: 26		M: 20	M: 76	M: 10
Y: 60	Y: 0	Y: 6		Y: 39	Y: 89	Y: 88		Y: 13	Y: 0	Y: 40
K: 26	K: 0	K: 0		K: 0	K: 80	K: 0		K: 0	K: 0	K: 0

第 3 章

服装设计中的色彩搭配

服装款式设计与服装色彩设计是相互依存的关系，服装色彩设计又是整体服装造型中重要的组成部分。服装色彩设计不仅可以改变服装的整体风格，也与服装材质面料和版式设计有着密不可分的联系。根据不同受众的职业特点以及性格特征，在不同季节的变换下，服装设计师应设计适宜的服装色彩搭配方案。

  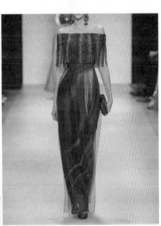

3.1 认识色彩

色彩由光引起，由三原色构成，在太阳光分解下可为红、橙、黄、绿、青、蓝、紫等色彩。虽然色彩的种类不计其数，但任何一种色彩都包括色相、明度与纯度这三种属性。只要更改了这三种属性中的任何一种，色彩的效果就会发生变化。除了色相、明度以及纯度三大属性外，色彩还会对人心理产生冷暖感和距离感。

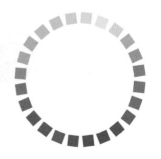

1. 色相

色相是指颜色的基本相貌，它是色彩的首要特性，也是通常称呼颜色的名称，例如红色、蓝色。基本色相包括红、橙、黄、绿、蓝、紫，加入中间色则可成为24个色相。

2.明度

明度是指色彩的明亮程度，明度不仅表现在物体明暗程度上，还表现在反射程度的系数上。在某种颜色里不断加入黑色，明度就会越来越低，低明度的暗色调，会给人一种沉着、厚重、忠实的感觉；不断加入白色，明度就会越来越高，高明度的亮色调，会给人一种清新、明快、华美的感觉。

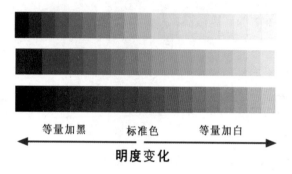

3.纯度

纯度是指色彩的鲜艳程度，也称为饱和度，表示颜色中所含有色成分的比例。比例越大，则色彩的纯度越高；比例越小则色彩的纯度越低。通常高纯度的颜色会产生强烈、鲜明、生动的感觉；中纯度的颜色会产生适当、温和、平静的感觉；低纯度的颜色会产生细腻、雅致、朦胧的感觉。

4.冷暖

色彩的冷暖是指不同色彩给人的心理感受，例如，红色、橙色、黄色会给人温暖的感觉，也就是暖色；而青色、蓝色往往使人感觉清凉，是典型的冷色。

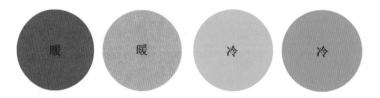

服装中冷色和暖色的占据比例，决定了整体服装的色彩倾向，也就是暖色调或冷色调。

同一种色相的色彩也会有冷暖之分，例如，柠檬黄色相对于中黄色会更"冷"一些，朱红色相对于玫瑰红色则会更"暖"一些。

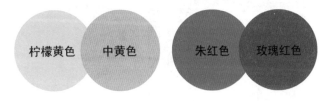

5.距离

除了具有"冷暖"属性外，色彩还具有距离属性。色彩的距离可使人产生物体进退、凹凸、远近的视觉效果。色相是影响距离感的主要因素，其次是纯度和明度。一般来说，暖色和高明度的色彩具有前进、突出、接近的效果，而冷色和低明度的色彩则效果相反。

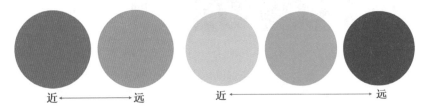

3.2 主色、辅助色与点缀色

在服装设计中，如果色彩的使用不止一种时，服装设计师在进行色彩的选择之前，首先要明确以哪种颜色为主、哪种颜色为辅，也就是选择主色、辅助色与点缀色。

主色通常大面积覆盖于整体设计，决定整体设计的色调基础以及最终效果。设计中的辅助色与点缀色的搭配运用，均围绕主色进行融合。

主色

辅助色主要用于衬托主色以及提升点缀色。辅助色通常不会在整体设计中占据较多版面，面积少于主色，这样进行的组合搭配合理均衡。

主色

辅助色

点缀色主要起到衬托主色及承接辅助色的作用，通常在整体设计中占据很少一部分，但是其在整体设计中具有至关重要的作用，能够为主色与辅助色的搭配做到很好的诠释，使整体设计更加完善具体，丰富了整体设计的内涵细节。

主色

辅助色

点缀色

3.3 常用的配色方式

在选择服装中将要使用的色彩时，服装设计师首先可以根据服装的特性选择一个合适的主色，接下来，辅助色和点缀色该如何进行选择呢？其实，色彩的搭配有几种常见的形式，比如同类色搭配、邻近色搭配、类似色搭配、对比色搭配和互补色搭配。

要注意根据两种颜色在色相环内相隔的角度，来定义是哪种对比类型。事实上，定义是比较模糊的，例如，相隔15°为同类色对比，相隔30°为邻近色对比，那么相隔20°就很难定义，因此概念不应死记硬背，要多加理解。其实相隔20°的色相对比与相隔30°或15°的区别并不算大，色彩情感也非常接近。

- 同类色搭配

	• 同类色搭配是指在24色色相环中相隔15°左右的两种颜色形成的对比。 • 同类色对比较弱，给人的感觉是单纯、柔和的，无论总体的色相倾向是否鲜明，其整体的色彩基调都容易达到和谐统一的效果。

- 邻近色搭配

	• 邻近色是在色相环中相隔30°左右的两种颜色。两种颜色组合搭配在一起，会让整体画面产生协调统一的效果。 • 例如，红色、橙色、黄色以及蓝色、绿色、紫色都分别属于邻近色的范围。

- 类似色搭配

	• 在色相环中相隔60°左右的两种颜色为类似色。 • 例如，红色和橙色、黄色和绿色等均为类似色。 • 类似色由于色相对比不强，给人一种舒适、温馨、和谐且不单调的感觉。

- 对比色搭配

	• 当两种或两种以上色相之间的色彩处于色相环内120°至150°的范围时，属于对比色关系。 • 例如，橙色与紫色、黄色与蓝色等对比色，给人一种强烈、明快、醒目、极具冲击力的感觉，容易引起视觉疲劳和精神亢奋。

● 互补色搭配

● 在色相环中相隔180°左右的两种颜色为互补色。这样的色彩搭配方式可以产生最强烈的刺激作用，对人的视觉具有最强的吸引力。
● 互补色对比效果最激烈、最刺激，是最强的色彩对比类型，例如红色与绿色、黄色与紫色、蓝色与橙色。

3.3.1 同类色搭配

同类色搭配是指在色相环上相距15°左右的两种颜色或同一色相的两种颜色形成的对比。同类色对比较弱，使用同类色搭配方式的服装整体色彩协调统一；但服装色彩过于一致，容易给人留下单调、无趣的印象。

这套服装以浅蓝色为主色，宝蓝色为辅助色，形成同类色的搭配方式，整体色彩和谐统一。服装整体呈冷色调，给人冷静、理性的视觉感受。服装色彩的明度和纯度之间形成一定对比，使服装造型更具层次感与视觉吸引力。

CMYK：29,16,0,0　　CMYK：91,86,0,0

CMYK：94,91,48,17

这套服装以橙色为主色进行搭配，服装整体呈暖色调，给人热烈、开朗的感觉。通过明度的变化丰富了服装的色彩，提升了服装造型的层次感，使得服装更具视觉吸引力。

CMYK：0,55,84,0　　CMYK：4,33,42,0

CMYK：44,97,100,12　　CMYK：22,86,97,0

3.3.2 邻近色搭配

邻近色搭配是指在色相环上相距30°左右的两种颜色搭配在一起。色相相近的邻近色使服装整体色彩的冷暖性质更加相似，色彩较为协调统一，给人和谐、舒适的感受。青色与蓝色、粉色与紫色都属于邻近色搭配。

这套服装以橙色和红色两种邻近色进行搭配，服装整体呈暖色调，给人充满朝气、活跃的印象。黑色的内搭减弱了大面积暖色带来的强烈的视觉刺激，使得服装造型更加内敛、深沉，呈现新潮、帅气、个性的视觉效果。

CMYK：30,78,95,0

CMYK：23,96,95,0

CMYK：87,79,90,71

这套服装以蓝色为主色，青绿色为辅助色，邻近色的搭配方式较为协调、自然；服装整体呈冷色调，给人清爽、明快的视觉感受。浅橙色的花卉印花使服装造型更加丰富、生动，提升了服装的视觉吸引力。

CMYK：83,48,0,0

CMYK：75,14,39,0

CMYK：6,20,20,0

3.3.3　类似色搭配

类似色搭配是指在色相环上相距60°左右的两种颜色进行搭配。类似色的色彩对比较弱，视觉效果较为和谐。使用类似色进行搭配的服装多给人协调、舒适的感受，服装整体色彩不会单调无趣，能够吸引观者的注意。红色与橙色、绿色与蓝色都属于类似色搭配。

这款长裙以青色和黄色两种类似色进行搭配，给人清爽、大方的视觉感受。黑白两色的搭配提升了服装的层次感与视觉吸引力，裙身富有韵律感的条纹元素使服装造型更显灵动，散发着清爽、明朗的气息。

CMYK：62,0,34,0

CMYK：10,22,64,0

CMYK：4,11,3,0

CMYK：91,88,85,77

这套服装以红色和橙黄色两种类似色进行搭配，服装整体呈暖色调，给人热情、明快、温暖的视觉感受，带来强烈的视觉效果，鲜明地展现出女性的迷人魅力，易给人留下深刻的印象。

CMYK：2,34,59,0

CMYK：7,87,79,0

CMYK：95,93,75,69

3.3.4 对比色搭配

对比色搭配是指在色相环上相距120°到150°的颜色搭配在一起。对比色的视觉冲击力较强，使用对比色进行搭配设计的服装多给人鲜艳、兴奋、醒目的视觉感受，服装的配色大胆、色感强烈，同时也容易带来烦躁、厌倦的负面影响。红色和黄色、黄色和蓝色都属于对比色搭配。

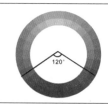

这套服装以青色和黄色两种对比色进行搭配，服装整体色彩的明度与纯度较高，具有较强的视觉冲击力；黄色与青色之间的鲜明对比带来强烈的视觉刺激，给人明快、活泼、热情的视觉感受。衣身的花卉图案为服装注入了自然、浪漫的气息，使服装造型更加吸睛。

CMYK：45,0,22,0

CMYK：16,40,89,0

CMYK：24,99,96,0

这套服装以紫色为主色，绿色为点缀色，两种颜色之间形成鲜明的对比，带来强烈的视觉刺激；服装整体色彩纯度较高，具有较强的视觉冲击力，给人留下时尚、新潮、独具一格的深刻印象。

CMYK：63,76,42,2

CMYK：61,78,0,0

CMYK：49,0,58,0

3.3.5　互补色搭配

互补色搭配是指在色相环上相距180°左右的颜色搭配。互补色对比强烈，视觉冲击力强，可以快速吸引人们的视线。使用互补色搭配的服装可以带来强烈的视觉刺激，产生惊人的视觉效果。黄色与紫色、红色与绿色、橙色与蓝色都属于互补色搭配。

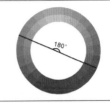

这套服装以红色和绿色两种互补色进行搭配，带来强烈的视觉刺激，给人留下个性不羁的深刻印象。服装整体色彩纯度较高，视觉效果较为醒目、绚丽，极具视觉冲击力。

CMYK：84,41,76,2

CMYK：34,100,100,1

CMYK：96,81,22,0

CMYK：91,88,76,68

这套服装以橙色和蓝色两种互补色进行搭配，形成鲜明的对比效果，带来强烈的视觉刺激；服装色彩纯度较高，具有较强的视觉冲击力。紫色作为蓝色的邻近色对服装加以点缀，在减轻了大面积暖色带来的烦躁感的同时使服装整体的色彩更加和谐、丰富，给人留下醒目、活跃的深刻印象。

CMYK：8,67,80,0

CMYK：62,13,5,0

CMYK：80,83,26,0

第 4 章

常见服装风格

服装设计既能够表现出设计师的创意构思，也能够展现出一个时代的特色。随着材料、技术的更新以及人们审美的变化，服装的款式也更加多样化，形成不同的风格。

服装的风格随时代而变化，每个时代的服装都有其特有的风格与特色。不同风格的服装在廓形、面料、色彩及图案的应用上都有所不同。近年来常见的服装风格包括街头风格、仙女风格、中性风格、少女风格、度假风格、未来主义风格、极简主义风格、休闲办公风格、波西米亚风格、优雅浪漫风格、自然田园风格、民族风格、摩登复古风格、牛仔风格、居家风格、学院风格、欧美风格和嘻哈风格等。

4.1 街头风格

街头风格的服装具有自由、潮流、个性等特点，因此，这一风格的服装大多款型宽松，但不会过于宽大。街头风格的服装追求潮流、个性，如宽松的牛仔外套，搭配头巾、帽子、鞋子以及金属饰品，这种风格的服装往往给人留下随性新潮、个性时尚、玩世不恭的印象。

这套服装搭配呈现新潮、个性、不羁的街头风格。长裤与外套的版型宽松，穿着舒适、便于活动。裤脚堆积在脚踝处的造型展现出穿着者随性、不羁的态度，给人留下个性十足的印象。内搭的高领针织衫领口与袖口处均带有红色的条纹元素作为点缀，与外套的格纹元素相映衬，使服装造型更加生动、时尚。

- 整套服装以黑色为主色，低明度的色彩基调给人帅气、有型、个性的感觉。
- 神秘、浓郁的深蓝紫色作为辅助色与黑色进行搭配，服装整体色彩纯度较高，带来强烈的视觉刺激。
- 鲜艳、亮眼的红色条纹元素富有跳动感与韵律感，提升了服装造型的辨识度与视觉冲击力，给人留下新潮、个性的深刻印象。

CMYK：86,83,20,0　CMYK：88,84,74,63

CMYK：8,5,5,0　　CMYK：37,100,100,3

推荐色彩搭配：

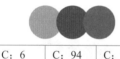 

| C：6
M：35
Y：80
K：0 | C：94
M：73
Y：21
K：0 | C：73
M：57
Y：46
K：1 | | C：33
M：100
Y：100
K：1 | C：4
M：3
Y：2
K：0 | C：86
M：52
Y：100
K：19 | | C：76
M：66
Y：0
K：0 | C：89
M：62
Y：100
K：44 | C：22
M：51
Y：25
K：0 |

这套服装搭配呈现运动、新潮的街头风格，宽松的版型与简洁大方的款式表现出穿着者随性、追求自由的态度。T恤的字母印花增强了服装的休闲感与设计感，使服装造型更加年轻、时尚、有型。

- 这套服装搭配整体呈紫色调，给人个性、深邃、神秘的感觉。
- 蓝紫色T恤与紫红色运动裤形成色彩的冷暖对比，在提升了服装的层次感的同时丰富了服装的色彩，使服装更加吸睛。
- 绿色运动鞋与紫色的服装形成对比色，带来强烈的视觉刺激。

CMYK：62,57,0,0

CMYK：67,84,20,0

CMYK：50,0,89,0

推荐色彩搭配：

| C：88
M：85
Y：74
K：64 | C：69
M：87
Y：25
K：0 | C：12
M：16
Y：68
K：0 | | C：4
M：57
Y：77
K：0 | C：60
M：56
Y：0
K：0 | C：52
M：0
Y：83
K：0 | | C：4
M：18
Y：63
K：0 | C：4
M：51
Y：21
K：0 | C：84
M：74
Y：66
K：39 |

4.2 仙女风格

仙女风格的服装多表现出梦幻、优雅、飘逸的特点，多是礼服、长裙等类型，面料轻盈通透，细节丰富，设计精美。设计师将各种自然界中的美丽事物呈现在服装中，如花瓣、星空、羽毛、光影等，充满梦幻、朦胧的美感。

这款礼服由薄纱面料制成，质地轻薄柔软，轻盈通透，色彩绚丽，呈现梦幻、朦胧的视觉效果。一字领的设计凸显优美的肩颈线条，流苏在行走间微微起伏，更显身姿曼妙。裙身的双层薄纱设计使服装造型更加精致、唯美，散发出朦胧、梦幻的美感，尽显典雅、出尘。

- 这款礼服以深绿色为主色，低明度的色彩基调给人神秘、雍容、华丽的视觉感受。
- 深蓝色与深绿色融合渲染出深邃、绮丽的孔雀绿色，裙身萦绕着极光般的朦胧光晕，尽显浪漫、华美，极具视觉吸引力。

CMYK：89,54,83,21

CMYK：93,71,54,17

CMYK：52,4,31,0

推荐色彩搭配：

C: 27	C: 1	C: 81		C: 33	C: 20	C: 0		C: 29	C: 70	C: 79
M: 8	M: 1	M: 64		M: 40	M: 11	M: 11		M: 0	M: 22	M: 21
Y: 9	Y: 1	Y: 49		Y: 0	Y: 10	Y: 15		Y: 12	Y: 39	Y: 69
K: 0	K: 0	K: 6		K: 0	K: 0	K: 0		K: 0	K: 0	K: 0

这款礼服由软缎和雪纺面料制成，质地轻盈飘逸，悬垂性较好，裙摆线条流畅，给人飘逸、空灵的感觉。裙身点缀有精美的立体花朵，增强了服装的美感与设计感，尽显浪漫与淡雅。腰间的碎钻与裙身的亮片使服装更加耀眼夺目，具有较强的视觉吸引力。

- 这款礼服整体呈浅蓝色，色调清冷、素雅，给人清新、雅致的感觉。
- 典雅、梦幻的浅蓝色结合轻盈通透的雪纺面料，更具朦胧、空灵的美感，给人浪漫、唯美的深刻印象。

CMYK：21,0,9,0

推荐色彩搭配：

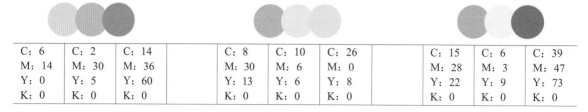

C: 6 M: 14 Y: 0 K: 0	C: 2 M: 30 Y: 5 K: 0	C: 14 M: 36 Y: 60 K: 0		C: 8 M: 30 Y: 13 K: 0	C: 10 M: 6 Y: 6 K: 0	C: 26 M: 0 Y: 8 K: 0		C: 15 M: 28 Y: 22 K: 0	C: 6 M: 3 Y: 9 K: 0	C: 39 M: 47 Y: 73 K: 0

4.3 中性风格

中性风格的服装大多弱化性别特征，更多地展现女性帅气、成熟的一面，或是男性温柔、文静的一面。面向女性设计的中性风格的服装大多版型宽松，款式简单，挺括有型，色彩的选择上以棕色、灰色、白色、黑色、咖色、深蓝色这类中性色为主，给人留下稳重、利落、成熟的印象。

这套服装由西装呢大衣和高领针织衫搭配而成，呢绒大衣的版型较为宽松、挺括，不受性别的限制，打造出稳重、成熟、利落的中性风格，给人成熟、干练、沉稳的视觉感受。

- 这款西装呢大衣整体呈驼色，低明度的色彩基调给人成熟、稳重的感觉。
- 黑色的高领针织衫与西装裤搭配驼色大衣，服装整体造型呈暗色调，色彩内敛、深沉，打造出女性利落、成熟的着装风格。

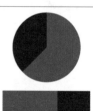

CMYK: 57,63,70,10　CMYK: 82,77,75,56

推荐色彩搭配：

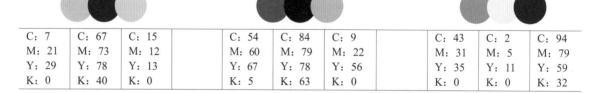

C: 7 M: 21 Y: 29 K: 0	C: 67 M: 73 Y: 78 K: 40	C: 15 M: 12 Y: 13 K: 0		C: 54 M: 60 Y: 67 K: 5	C: 84 M: 79 Y: 78 K: 63	C: 9 M: 22 Y: 56 K: 0		C: 43 M: 31 Y: 35 K: 0	C: 2 M: 5 Y: 11 K: 0	C: 94 M: 79 Y: 59 K: 32

这款长风衣版型宽松、样式简洁，搭配连体裤穿着，没有多余的饰品点缀，展现出穿着者潇洒、从容的态度，彰显个性、时尚、帅气的中性风格。敞开的领口更添随性，给人留下帅气、有型的深刻印象。

- 这款风衣以浅青灰色为主色，柔和、清淡的浅色调给人自然、舒适的视觉感受。
- 白色连体裤搭配风衣穿着，干净、简约的白色使服装造型更显清爽，洋溢着休闲、时尚、青春的气息。

CMYK: 38,28,29,0　CMYK: 5,3,2,0

推荐色彩搭配：

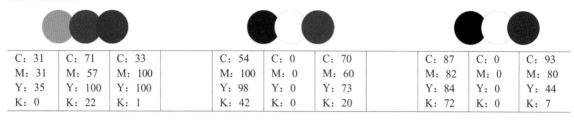

C：31	C：71	C：33		C：54	C：0	C：70		C：87	C：0	C：93
M：31	M：57	M：100		M：100	M：0	M：60		M：82	M：0	M：80
Y：35	Y：100	Y：100		Y：98	Y：0	Y：73		Y：84	Y：0	Y：44
K：0	K：22	K：1		K：42	K：0	K：20		K：72	K：0	K：7

4.4 少女风格

少女风格的服装多表现出年轻女孩甜美、可爱、俏皮的性格，给人清新、活泼的感觉。这一风格的服装多以衬衫、短裤、短袖、连衣裙进行搭配，服装采用明亮色调，如淡绿、粉红、柠檬黄、淡蓝色等，明亮的颜色使人心情愉悦，给人充满青春活力、年轻可爱的视觉感受。

这款连衣裙由雪纺面料制成，质地柔软轻盈，穿着舒适。裙身层叠的花边赋予服装层次感，线条流畅自然，尽显轻盈、灵动；肩部的镂空设计与亮片元素使服装造型更加活泼、精致，给人活泼、甜美的感觉。

- 这款连衣裙整体呈浅粉色，柔和、清新的浅色调给人甜美、娇俏的感觉。
- 服装整体色彩的纯度较低，视觉冲击力较小，给人柔和、舒适的视觉感受。

CMYK：2,22,12,0

推荐色彩搭配：

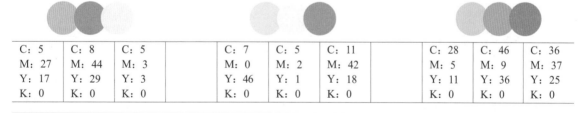

C：5	C：8	C：5		C：7	C：5	C：11		C：28	C：46	C：36
M：27	M：44	M：3		M：0	M：2	M：42		M：5	M：9	M：37
Y：17	Y：29	Y：3		Y：46	Y：1	Y：18		Y：11	Y：36	Y：25
K：0	K：0	K：0		K：0	K：0	K：0		K：0	K：0	K：0

这套服装搭配呈现清新、淡雅的风格。肩部的抽褶设计与前襟的蕾丝元素对服装加以点缀，使服装造型更加精致、秀气。半身长裙裙身的花鸟图案刻画出一派静谧、清新的自然景色，赋予服装生命力，使服装更加灵动，极具视觉吸引力。

- 整套服装整体呈浅色调，色彩柔和、清淡，给人自然、平和的视觉感受。
- 白色半身裙搭配浅蓝色上衣，服装整体色彩较为清爽、柔和，给人清新、雅致的感觉。
- 裙身的花鸟图案富有鲜活的自然气息，尽显清新、自然，使服装造型更加灵动、吸睛。

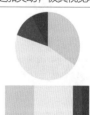

CMYK：31,4,15,0　　CMYK：6,5,6,0

CMYK：81,47,74,6　　CMYK：58,66,74,16

推荐色彩搭配：

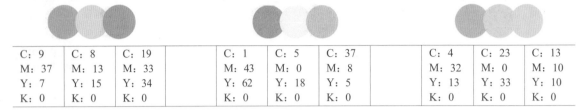

C：9 M：37 Y：7 K：0	C：8 M：13 Y：15 K：0	C：19 M：33 Y：34 K：0		C：1 M：43 Y：62 K：0	C：5 M：0 Y：18 K：0	C：37 M：8 Y：5 K：0		C：4 M：32 Y：13 K：0	C：23 M：0 Y：33 K：0	C：13 M：10 Y：10 K：0

4.5 度假风格

度假风格的服装多由雪纺、亚麻、丝绸、纯棉等面料制成，质地轻薄舒适、透气性强，适合在炎热的夏日穿着。度假风格的服装不仅要求美丽，还追求舒适、惬意的穿着感受。简单的度假风格的造型可由长裙、墨镜搭配宽沿草帽，遮阳的同时极具吸引力。度假风格的服装印有各式各样的印花，如碎花、树叶、椰树、海洋等，往往给人自然、舒适的视觉感受。

这款连衣裙呈现清爽、自然的度假风格，大面积的热带植物印花为炎热的夏日带来一抹清凉，给人舒适、惬意的感觉。袖口的双层荷叶边设计提升了服装的美感，使服装更显浪漫。

- 这款连衣裙以白色为主色，在视觉上形成突出、膨胀的效果，使裙身的植物印花更加鲜明、生动。
- 裙身印花采用青绿色、橙红色与明黄色进行搭配，刻画出鲜活、葱茏的热带植物图案，在丰富了服装色彩的同时使服装更具观赏性，增强了服装的视觉吸引力。

CMYK：82,34,64,0　CMYK：6,4,4,0

CMYK：14,74,78,0　CMYK：4,15,55,0

推荐色彩搭配：

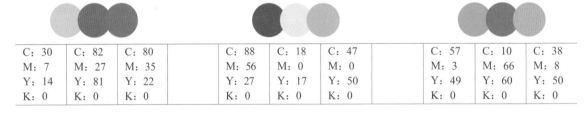

C：30 M：7 Y：14 K：0	C：82 M：27 Y：81 K：0	C：80 M：35 Y：22 K：0		C：88 M：56 Y：27 K：0	C：18 M：0 Y：17 K：0	C：47 M：0 Y：50 K：0		C：57 M：3 Y：49 K：0	C：10 M：66 Y：60 K：0	C：38 M：8 Y：50 K：0

这款男士衬衫的图案呈现随性、自然的度假风格，刻画出一幅清凉、广阔的海滨风光，给人清爽、惬意的感觉。纯棉面料柔软透气，清凉吸汗，给穿着者带来舒适、放松的穿着体验。

- 这款衬衫以白色为主色，色彩纯净、清爽，给人干净、简约的视觉感受。
- 衣身印花采用黄色、墨绿色、淡蓝色、棕色等多种颜色进行搭配，描绘出怡然、惬意、绚丽的海滨风景，令人心绪平静，增强了服装的视觉吸引力。

CMYK：19,30,88,0　CMYK：2,7,7,0

CMYK：85,63,90,43

推荐色彩搭配：

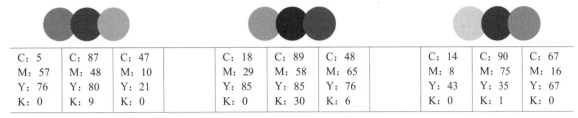

C: 5 M: 57 Y: 76 K: 0	C: 87 M: 48 Y: 80 K: 9	C: 47 M: 10 Y: 21 K: 0		C: 18 M: 29 Y: 85 K: 0	C: 89 M: 58 Y: 85 K: 30	C: 48 M: 65 Y: 76 K: 6		C: 14 M: 8 Y: 43 K: 0	C: 90 M: 75 Y: 35 K: 1	C: 67 M: 16 Y: 67 K: 0

4.6 未来主义风格

　　未来主义风格的服装展现出一种超出想象的未来感，通过特殊的视觉元素传递出与众不同的概念。未来主义主张反对传统，宣扬个性、年轻、科技、力量，通过光感面料、金属材质、透明塑料、几何图形、特殊形状和智能感应装置等元素来表现未来感。

　　这一服装造型由金属元素作为设计灵感创作而成，裙身闪耀的金属光泽带来强烈的视觉刺激，呈现奇特、不同寻常的未来主义风格，给人炫目、独特的感觉。

- 服装采用银色与金色两种颜色进行搭配，闪耀的金属光泽散发出浓浓的科技感，使造型更加时尚、吸睛。
- 银白色的金属光泽使服装造型更加耀眼、夺目，具有较强的视觉吸引力。

CMYK: 13,12,11,0　　CMYK: 21,36,82,0

推荐色彩搭配：

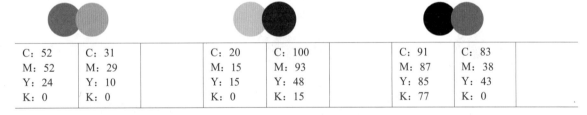

C: 52 M: 52 Y: 24 K: 0	C: 31 M: 29 Y: 10 K: 0		C: 20 M: 15 Y: 15 K: 0	C: 100 M: 93 Y: 48 K: 15		C: 91 M: 87 Y: 85 K: 77	C: 83 M: 38 Y: 43 K: 0

　　这款连衣裙内层与外层采用不同的材料制成。内层由柔软光滑的丝绸面料制成，款式简单，裁剪利落，版型修身，勾勒出玲珑的身体线条；外层由特殊的水晶树脂制成立体镂空的造型，使服装更具设计感与艺术性。服装造型独特，充满想象力，塑造出大胆、奇异的未来风格。

- 这款连衣裙整体呈米白色，中明度的色彩基调给人和谐、舒适的视觉感受。
- 内层的丝绸裙身富有光泽感与悬垂感，更显服装质感细腻，增添优雅、时尚格调。
- 镂空的透明外裙使服装造型更加个性与新潮，增强了服装的视觉吸引力。

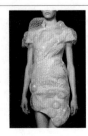

CMYK: 3,7,12,0

推荐色彩搭配：

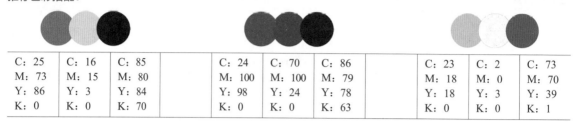

C：25	C：16	C：85		C：24	C：70	C：86		C：23	C：2	C：73
M：73	M：15	M：80		M：100	M：100	M：79		M：18	M：0	M：70
Y：86	Y：3	Y：84		Y：98	Y：24	Y：78		Y：18	Y：3	Y：39
K：0	K：0	K：70		K：0	K：0	K：63		K：0	K：0	K：1

4.7 极简主义风格

极简主义风格的服装特点是简约、大方，在简单的搭配中体现精致；这一风格的服装大多款式简单，没有过多装饰性饰品。在颜色搭配上，一般不超过三种颜色，且颜色不会太过鲜艳刺激。极简主义风格的服装多给人舒适、自然的视觉感受，例如，白色衬衫搭配驼色西装裤，简约清爽，给人大方、利落的感觉。

这套服装由浅色针织衫与深色阔腿裤搭配而成。针织衫款式简单、质地柔软，阔腿裤版型宽松、样式简约、穿着舒适，便于活动。整体服装造型简单中不失时尚感，给人大方、简约、随性的感觉。

- 这套服装搭配以深棕色为主色，低明度的色彩基调给人成熟、沉静的感觉。
- 米色针织衫搭配深棕色阔腿裤，服装整体色彩呈暖色调，给人留下温馨、亲切、柔和的印象。

CMYK：2,5,9,0　CMYK：53,69,86,16

推荐色彩搭配：

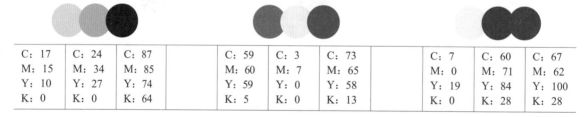

C：17	C：24	C：87		C：59	C：3	C：73		C：7	C：60	C：67
M：15	M：34	M：85		M：60	M：7	M：65		M：0	M：71	M：62
Y：10	Y：27	Y：74		Y：59	Y：0	Y：58		Y：19	Y：84	Y：100
K：0	K：0	K：64		K：5	K：0	K：13		K：0	K：28	K：28

这套服装搭配呈现简约、利落、大方的极简主义风格。衬衫款式简单，版型合身，没有多余的装饰，搭配裁剪合体的西装裤，给人清爽、自在、惬意的感觉。

- 这套服装搭配整体采用柔和色调，低纯度的色彩基调给人自然、惬意的视觉感受。
- 灰白色衬衫搭配浅卡其色长裤，形成温馨、柔和的视觉效果，给人内敛、温柔的感觉。
- 浅色调的色彩搭配方式视觉冲击力较小，易使人产生亲近的想法。

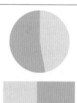

CMYK：12,10,10,0　CMYK：24,26,35,0

推荐色彩搭配：

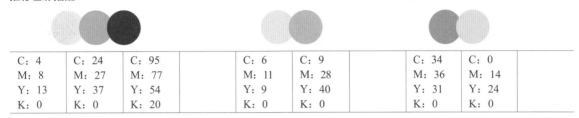

C：4	C：24	C：95		C：6	C：9		C：34	C：0	
M：8	M：27	M：77		M：11	M：28		M：36	M：14	
Y：13	Y：37	Y：54		Y：9	Y：40		Y：31	Y：24	
K：0	K：0	K：20		K：0	K：0		K：0	K：0	

4.8 休闲办公风格

　　休闲办公风格的服装不同于职业装的郑重、正式，它更加随性、舒适、时尚。这一风格的服装与正装相比，款式更加复杂、美观，给人留下干练、清爽的印象，例如，雪纺衬衣带有蝴蝶结或荷叶边的装饰，衬衫搭配蕾丝短裙，等等，使穿着者更加时尚、优雅。

　　这套服装由丝绸衬衫与A字形半身裙搭配而成，呈现优雅、大方的风格。灯笼袖的造型提升了服装的设计感，散发出甜美、优雅的气息；半身裙裙身的锁链图案规整有序，赋予服装韵律感与层次感，使服装更加吸睛。

- 这款衬衫整体采用柔和的乳白色，结合丝绸面料的温润光泽，更显质感细腻，增添优雅格调，给人温柔、亲切、优雅的感觉。
- 黑色半身裙与乳白色丝绸衬衫的搭配产生强烈的视觉效果，使服装更加醒目，给人留下深刻的印象。

CMYK：2,1,6,0　CMYK：84,88,70,59

推荐色彩搭配：

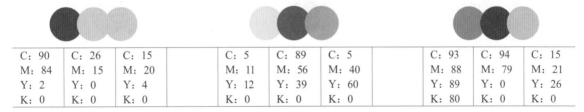

C：90	C：26	C：15		C：5	C：89	C：5		C：93	C：94	C：15
M：84	M：15	M：20		M：11	M：56	M：40		M：88	M：79	M：21
Y：2	Y：0	Y：4		Y：12	Y：39	Y：60		Y：89	Y：0	Y：26
K：0	K：0	K：0		K：0	K：0	K：0		K：80	K：0	K：0

　　这套服装由雪纺衬衫和西装套装搭配而成，呈现利落、干练、大方的通勤风格。西装版型修身，贴合身形，勾勒出柔美的女性身体线条，给人简练中不失时尚的感觉。内搭的雪纺衬衫领口处层叠的木耳边尽显甜美、灵动，凸显女性优雅、迷人的魅力。

- 这套服装搭配以白色为主色，裸粉色为辅助色，给人清新、优雅、甜美的感觉。
- 服装整体色彩呈浅色调，视觉冲击力较小，给人以纯净、柔和的视觉感受。

CMYK：10,41,40,0　CMYK：2,2,7,0

推荐色彩搭配：

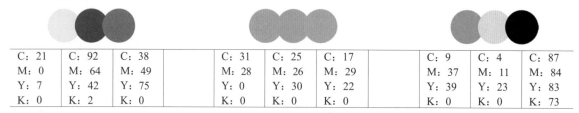

C: 21	C: 92	C: 38		C: 31	C: 25	C: 17		C: 9	C: 4	C: 87
M: 0	M: 64	M: 49		M: 28	M: 26	M: 29		M: 37	M: 11	M: 84
Y: 7	Y: 42	Y: 75		Y: 0	Y: 30	Y: 22		Y: 39	Y: 23	Y: 83
K: 0	K: 2	K: 0		K: 0	K: 0	K: 0		K: 0	K: 0	K: 73

4.9 波西米亚风格

波西米亚风格的服装华丽、浪漫，色彩鲜艳、醒目，极具视觉冲击力。经典的波西米亚风格元素包括层叠的蕾丝、繁复的印花、流苏、绳结、刺绣以及串珠，搭配宽松的裙摆，给人华丽、浪漫、神秘的感觉。波西米亚风格的服装洋溢着叛逆、自由、潇洒的浪漫风情。

这款丝绸上衣呈现华丽、浪漫的波西米亚风格。前襟的蕾丝元素与衣袖的花边、抽褶设计点缀了服装，使服装造型更加精致、美观；蛇骨项链流苏拴坠羽毛，尽显浪漫、迷人格调。轻盈通透的真丝面料增添朦胧美感，搭配蕾丝短裙穿着，给人带来美的享受。

- 米色上衣搭配白色蕾丝短裙，服装整体色彩较为柔和，视觉冲击力较小，形成舒适、柔和的视觉效果。
- 项链整体呈棕红色调，与米色的上衣形成邻近色对比，服装整体造型的色彩搭配较为和谐，使服装更具视觉吸引力。

CMYK: 6,20,22,0　　CMYK: 0,3,2,0

CMYK: 42,67,78,2

推荐色彩搭配：

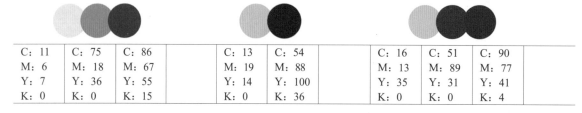

C: 11	C: 75	C: 86		C: 13	C: 54		C: 16	C: 51	C: 90
M: 6	M: 18	M: 67		M: 19	M: 88		M: 13	M: 89	M: 77
Y: 7	Y: 36	Y: 55		Y: 14	Y: 100		Y: 35	Y: 31	Y: 41
K: 0	K: 0	K: 15		K: 0	K: 36		K: 0	K: 0	K: 4

这款连衣裙裙身繁复、华丽的刺绣图案散发着浪漫、自在的波西米亚风情，极具美感与视觉吸引力，带来华丽、炫目的视觉享受；袖口与裙摆的流苏元素点缀了服装，使服装造型更具灵动、潇洒的格调，带来绚丽、浪漫的视觉效果。

- 这款连衣裙以白色为主色，色彩纯净、空灵，给人清新、自然的视觉感受。
- 刺绣图案采用黑色、蓝色、紫色等多种色彩进行搭配，服装整体色彩呈冷色调，给人清爽、浪漫的感觉。
- 服装整体色彩丰富、绚丽，形成华丽、炫目的视觉效果，带来强烈的视觉刺激，给人留下深刻的印象。

CMYK: 93,91,81,75　CMYK: 51,0,18,0

CMYK: 1,0,0,0　　　CMYK: 43,79,38,0

推荐色彩搭配：

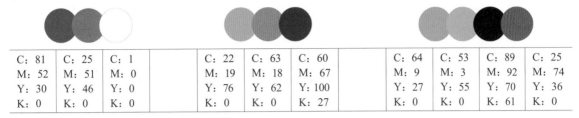

C：81	C：25	C：1		C：22	C：63	C：60		C：64	C：53	C：89	C：25
M：52	M：51	M：0		M：19	M：18	M：67		M：9	M：3	M：92	M：74
Y：30	Y：46	Y：0		Y：76	Y：62	Y：100		Y：27	Y：55	Y：70	Y：36
K：0	K：0	K：0		K：0	K：0	K：27		K：0	K：0	K：61	K：0

4.10 优雅浪漫风格

　　优雅浪漫风格的服装特点是凸显气质优雅，这一风格的服装色彩饱和度较低，明度较高，多使用白色、淡粉、淡紫、米色等颜色，呈现纯净、优雅的韵味。通常优雅浪漫风格的服装选用有质感的面料，如毛皮、绸缎、羊绒等，使服装更显奢华、典雅。

　　这套服装搭配呈现优雅浪漫的风格。软缎上衣质地柔软，具有良好的悬垂性与光泽感，凸显温柔、优雅的气质；半身裙版型修身，勾勒出玲珑身形，凸显女性魅力，裙身的薄纱与雏菊刺绣贴片打造出朦胧美感，使服装更加时尚、吸睛。

- 这套服装搭配整体色彩呈浅色调，低纯度的色彩基调给人温柔、典雅的视觉感受。
- 米色上衣搭配白色半身裙，简单、纯净的白色搭配温柔的米色，使穿着者更显亲切。
- 服装整体色调清淡、柔和，呈现优雅、温柔、浪漫的韵味。

CMYK：5,12,11,0　CMYK：3,4,3,0

推荐色彩搭配：

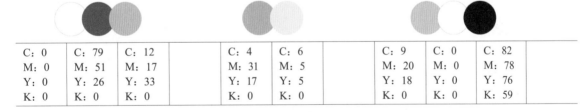

C：0	C：79	C：12		C：4	C：6		C：9	C：0	C：82
M：0	M：51	M：17		M：31	M：5		M：20	M：0	M：78
Y：0	Y：26	Y：33		Y：17	Y：5		Y：18	Y：0	Y：76
K：0	K：0	K：0		K：0	K：0		K：0	K：0	K：59

　　这款大衣呈现雍容、优雅的韵味。裘皮大衣搭配高领针织衫，简约中彰显雍容的气质；针织衫领口处珍珠与宝石的点缀使服装造型更加华丽，呈现优雅、大方的格调，给人留下高雅、端庄的印象。

- 这款大衣整体呈奶白色，色调清淡，视觉冲击力较小，使穿着者更显亲切、随和。
- 服装整体呈暖白色调，色彩柔和、婉约，给人大方、优雅、温柔的视觉感受。
- 白色珍珠与蓝宝石的点缀丰富了服装的色彩，提升了服装造型的视觉吸引力，使服装更加吸睛、耀眼。

CMYK：3,7,10,0　CMYK：2,2,3,0
CMYK：99,90,32,1

推荐色彩搭配：

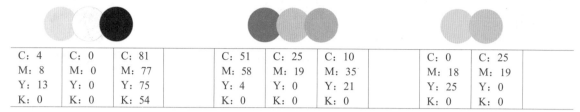

C：4	C：0	C：81		C：51	C：25	C：10		C：0	C：25	
M：8	M：0	M：77		M：58	M：19	M：35		M：18	M：19	
Y：13	Y：0	Y：75		Y：4	Y：0	Y：21		Y：25	Y：0	
K：0	K：0	K：54		K：0	K：0	K：0		K：0	K：0	

4.11 自然田园风格

　　自然田园风格的服装多表现出自然、舒适、随性的特点。这一风格的服装多由纯棉、棉麻或亚麻面料制成，给人一种天然、舒适的感觉。服装色彩饱和度较低，不会使用较鲜艳醒目的颜色，往往给人自然、和谐的视觉感受。自然田园风格的服装还会使用蕾丝、碎花等元素进行点缀，增强服装的美感，使服装更加清新、温柔。

　　这款连衣裙由纯棉面料制成，质地柔软，轻薄透气，穿着舒适。裙身密集的花卉印花呈现鲜明的自然田园风格，散发出灵动、鲜活的自然气息。前襟的平行褶与灯笼袖的设计使服装造型更加精致、甜美；袖口处精美的刺绣花纹点缀服装，增添浪漫与柔美，使服装更加吸睛。

- 这款连衣裙以米白色为主色，色彩柔和、自然，给人温柔、亲切的视觉感受。
- 裙身的灰色花卉印花色彩纯度较低，视觉冲击力较小，使服装更显素雅、清新。
- 大量的碎花图案丰富了服装的色彩，增强了服装的层次感与视觉吸引力。

CMYK：1,0,7,0　　CMYK：42,38,24,0

推荐色彩搭配：

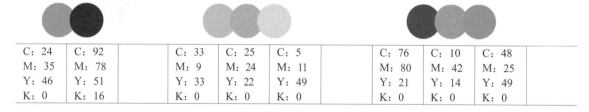

C：24	C：92		C：33	C：25	C：5		C：76	C：10	C：48	
M：35	M：78		M：9	M：24	M：11		M：80	M：42	M：25	
Y：46	Y：51		Y：33	Y：22	Y：49		Y：21	Y：14	Y：49	
K：0	K：16		K：0	K：0	K：0		K：0	K：0	K：0	

　　这款连衣裙由棉麻面料制成，版型宽松，质地柔软，吸汗透气，穿着舒适、便于活动。宽阔的喇叭袖与肘部的抽褶设计使服装造型更加甜美、时尚，增强了服装的视觉吸引力，给人简约、清爽的感觉。

- 这款连衣裙整体呈浅绿色，色彩清淡、自然，给人清爽、愉悦的感觉。
- 浅色调清新、干净，视觉冲击力较小，给人带来惬意、舒适的视觉感受，富有柔和、清爽的自然韵味。

CMYK：30,1,20,0

推荐色彩搭配：

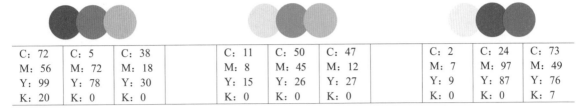

C: 72	C: 5	C: 38		C: 11	C: 50	C: 47		C: 2	C: 24	C: 73
M: 56	M: 72	M: 18		M: 8	M: 45	M: 12		M: 7	M: 97	M: 49
Y: 99	Y: 78	Y: 30		Y: 15	Y: 26	Y: 27		Y: 9	Y: 87	Y: 76
K: 20	K: 0	K: 0		K: 0	K: 0	K: 0		K: 0	K: 0	K: 7

4.12 民族风格

民族风格的服装在款式或细节处可以看到一些民族元素，这一风格的服装以绣花、印花、蜡染为主要工艺，多采用棉麻面料。民族风格的服装既包含了民族特色，又具有现代时装的时尚感。其展现出不同民族的不同特点，如神秘的东方民族、地中海的古老贵族、华丽的东欧花卉刺绣、自由浪漫的波西米亚等，带给人们不同的感受。

这套服装由短外套和连衣裙搭配而成，裙身华丽、繁复的刺绣花纹与外套上独特的图案印花散发出浓郁的民族气息，形成炫目的视觉效果，富有神秘、浪漫、华丽的美感，具有较强的视觉冲击力。

- 这套服装搭配整体呈浊色调，色彩明度较低，给人深沉、神秘、大气的视觉感受，流露出隆重、华美的韵味。
- 刺绣图案采用红褐色、灰棕色、酒红色、墨绿色等颜色形成类似色的色彩搭配，在丰富了整体服装的色彩的同时带来较为和谐的视觉效果。

CMYK: 45,44,46,0　CMYK: 71,84,71,51

CMYK: 50,100,93,29

推荐色彩搭配：

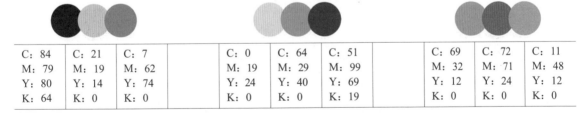

C: 84	C: 21	C: 7		C: 0	C: 64	C: 51		C: 69	C: 72	C: 11
M: 79	M: 19	M: 62		M: 19	M: 29	M: 99		M: 32	M: 71	M: 48
Y: 80	Y: 14	Y: 74		Y: 24	Y: 40	Y: 69		Y: 12	Y: 24	Y: 12
K: 64	K: 0	K: 0		K: 0	K: 0	K: 19		K: 0	K: 0	K: 0

这款连衣裙由质地柔软、光滑细腻的丝绒面料和薄纱面料制成，优秀的垂坠感与光泽感尽显复古、高贵质感；裙身华丽、繁复的刺绣花纹散发出浓重的浪漫的民族气息。衣袖处多层薄纱叠加，打造出蓬松、通透的效果，增添朦胧的美感，给人留下深刻的印象。

- 这款连衣裙以黑色为主色，低明度的色彩基调给人庄重、大气的感觉。
- 刺绣图案采用多种颜色进行搭配，丰富了服装的色彩，使服装造型更加华丽、精美，引人注目。
- 刺绣图案的色彩较为浓郁、绚丽，带来强烈的视觉刺激，形成华丽、炫目的视觉效果。

CMYK: 85,81,80,68　CMYK: 7,10,10,0

CMYK: 0,55,70,0　CMYK: 20,26,82,0

推荐色彩搭配：

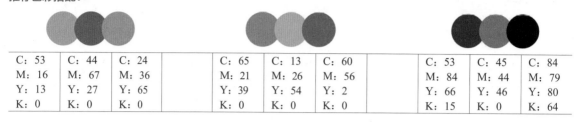

C：53	C：44	C：24		C：65	C：13	C：60		C：53	C：45	C：84
M：16	M：67	M：36		M：21	M：26	M：56		M：84	M：44	M：79
Y：13	Y：27	Y：65		Y：39	Y：54	Y：2		Y：66	Y：46	Y：80
K：0	K：0	K：0		K：0	K：0	K：0		K：15	K：0	K：64

4.13 摩登复古风格

　　摩登复古风格的服装既具有经典、怀旧的特点，又具有随性、时尚的特点。这一风格的服装的色彩不会过于鲜艳，多使用酒红色、驼色、深紫色这类明度较低的色彩，给人经典、复古、成熟的感觉。其面料选用皮革、毛型织物等来凸显成熟、雍容的气质。

　　这一服装由针织长裙和长款大衣搭配而成，雍容、华贵的毛领大衣搭配优雅的针织长裙，整体造型较为正式、庄重，呈现复古、经典、大气的视觉效果，给人留下优雅、大方的印象。

- 这款长裙整体采用酒红色，色彩饱满、低沉，给人庄重、复古、成熟的感觉。
- 温柔、甜美的粉色大衣搭配酒红色长裙，浅色调的加入使服装整体的色彩更加明快、活泼，增强了服装的视觉吸引力。

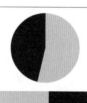

CMYK: 7,21,18,0　　CMYK: 56,94,81,42

推荐色彩搭配：

C：52	C：85	C：54		C：61	C：47	C：41		C：53	C：85	C：55
M：71	M：81	M：96		M：72	M：88	M：82		M：64	M：81	M：32
Y：53	Y：83	Y：78		Y：80	Y：99	Y：93		Y：71	Y：83	Y：25
K：3	K：70	K：32		K：30	K：16	K：5		K：8	K：70	K：0

　　这款套装由呢绒面料制成，质地厚重，呈现经典、成熟的摩登复古的韵味。格伦格纹增添复古质感，流露出成熟、古典的气质，给人大气、优雅、成熟的感觉。

- 这款套装整体呈棕色调，色调深沉、饱满，低明度的色彩基调给人成熟、庄重的视觉感受。
- 深红色沉稳、古典，色彩浓郁，形成强烈的视觉效果，给人迷人、时尚、魅力十足的感觉。

CMYK: 64,74,77,35　　CMYK: 42,94,93,8

推荐色彩搭配：

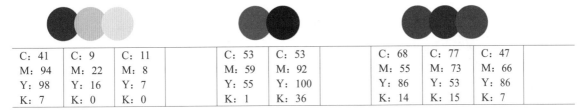

C：41	C：9	C：11		C：53	C：53		C：68	C：77	C：47
M：94	M：22	M：8		M：59	M：92		M：55	M：73	M：66
Y：98	Y：16	Y：7		Y：55	Y：100		Y：86	Y：53	Y：86
K：7	K：0	K：0		K：1	K：36		K：14	K：15	K：7

4.14 牛仔风格

　　牛仔风格的服装特点是简单、舒适、随性。牛仔面料具有方便、耐磨、舒适等优点，同时牛仔风格的服装是最易搭配的，如衬衫、毛衣、毛呢大衣等，都可以与牛仔裤进行搭配。这一风格的服装没有年龄与季节的制约，是多数人会选择的风格，穿着后会显得人更加青春、活力满满。

　　这套服装由牛仔外套、牛仔裤和条纹衬衫搭配而成，呈现休闲、简单、随性的风格，洋溢着年轻、自由、青春的气息；衬衫的条纹元素增强了服装的层次感与韵律感，使服装造型更加吸睛。

- 这套服装搭配以深蓝色为主色，整体呈冷色调，给人清爽、青春的感觉。
- 蓝白条纹富有韵律感，与整体服装造型相映衬，荡漾着海洋的清凉气息，尽显清爽、活力，极具视觉吸引力。

CMYK: 91,88,63,47　CMYK: 86,68,27,0

CMYK: 15,6,0,0

推荐色彩搭配：

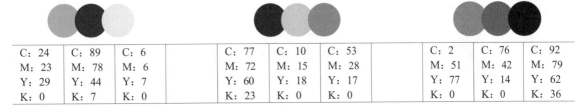

C：24	C：89	C：6		C：77	C：10	C：53		C：2	C：76	C：92
M：23	M：78	M：6		M：72	M：15	M：28		M：51	M：42	M：79
Y：29	Y：44	Y：7		Y：60	Y：18	Y：17		Y：77	Y：14	Y：62
K：0	K：7	K：0		K：23	K：0	K：0		K：0	K：0	K：36

　　这款牛仔外套衣身带有华丽、复杂的刺绣花纹，流露出浓郁的民族韵味，提升了服装的设计感与艺术性，使服装造型更加精致、复古，给人时尚、独特的感觉。

- 这款外套以蓝灰色为主色，整体呈深色调，色彩低沉，给人大气、复古的感觉。
- 刺绣图案色彩绚丽、浓郁，丰富了服装的色彩，使服装造型更加华丽，增强了服装的视觉吸引力。

CMYK: 57,42,36,0　CMYK: 53,100,100,39

CMYK: 17,20,27,0

推荐色彩搭配：

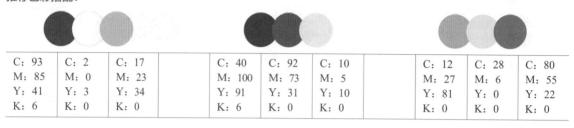

C：93	C：2	C：17		C：40	C：92	C：10		C：12	C：28	C：80
M：85	M：0	M：23		M：100	M：73	M：5		M：27	M：6	M：55
Y：41	Y：3	Y：34		Y：91	Y：31	Y：10		Y：81	Y：0	Y：22
K：6	K：0	K：0		K：6	K：0	K：0		K：0	K：0	K：0

4.15 居家风格

　　居家风格的服装具有舒适、随性、日常的特点，这一风格的服装多是在家穿着，版型宽松，样式简单，便于活动。居家风格追求简单、温馨、舒适的休闲感，面料上多选择纯棉、羊绒这一类柔软、舒适的面料，颜色上选择灰色、棕色、米色这一类饱和度较低的颜色，不会带来强烈的视觉刺激，给人自然、舒适的视觉感受。

　　这套服装由羊绒针织衫与丝绸长裙搭配而成，羊绒面料质地柔软、保暖性较好，丝绸面料光滑细腻、轻薄贴身；整体服装版型较为宽松、合体，带来愉悦、惬意的穿着感受。

- 这套服装搭配整体色彩呈暖色调，色彩朴素、自然，给人温柔、亲切、温暖的感觉。
- 浅棕色上衣搭配深棕色长裙，形成纯度的对比，使服装造型更具层次感，增强了服装的视觉吸引力。

CMYK：33,42,49,0　　CMYK：45,70,79,6

CMYK：22,40,47,0

推荐色彩搭配：

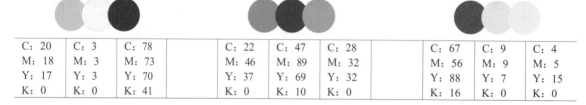

C：20	C：3	C：78		C：22	C：47	C：28		C：67	C：9	C：4
M：18	M：3	M：73		M：46	M：89	M：32		M：56	M：9	M：5
Y：17	Y：3	Y：70		Y：37	Y：69	Y：32		Y：88	Y：7	Y：15
K：0	K：0	K：41		K：0	K：10	K：0		K：16	K：0	K：0

　　这套服装由宽松的呢绒裤与羊绒衫搭配而成，呈现随性、惬意的风格。面料柔软保暖，日常居家穿着时可带来舒适、惬意的穿着体验。

- 这套服装搭配以驼色为主色，整体呈暖色调，给人自然、平和、亲切的视觉感受。
- 奶白色羊绒衫搭配驼色长裤，使服装整体的色彩更加明亮，给人明快、大方的感觉。

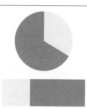

CMYK：6,4,6,0　　CMYK：32,46,51,0

推荐色彩搭配：

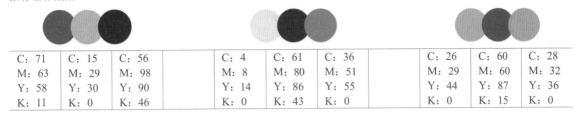

C：71	C：15	C：56		C：4	C：61	C：36		C：26	C：60	C：28
M：63	M：29	M：98		M：8	M：80	M：51		M：29	M：60	M：32
Y：58	Y：30	Y：90		Y：14	Y：86	Y：55		Y：44	Y：87	Y：36
K：11	K：0	K：46		K：0	K：43	K：0		K：0	K：15	K：0

4.16 学院风格

学院风格是将学生校服进行改良而盛行的一种服装风格，多给人年轻、清纯、活力满满的感觉。女性的着装以百褶裙搭配小西装外套、衬衫、蝴蝶领结为代表，男性的着装则以西装外套搭配领带、衬衫、POLO衫、针织背心、休闲长裤为代表。这一风格的服装还会使用条纹和格纹元素，展现出时尚、优雅的特点。

这一服装造型呈现浓郁的学院风格，衬衫搭配针织衫与领带，洋溢着清爽、青春的校园气息。衬衫的条纹元素使服装造型更加生动活泼、不再单调，给人时尚、年轻、青春的感觉。

- 这套服装搭配整体呈暖色调，色彩柔和、朴素，给人自然、柔和的视觉感受。
- 米白色针织衫内搭条纹衬衫，充满清爽、简约、大方、青春的气息。

CMYK：4,8,14,0　CMYK：83,78,75,57

CMYK：58,66,83,19

推荐色彩搭配：

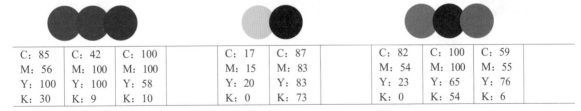

C：85	C：42	C：100		C：17	C：87		C：82	C：100	C：59
M：56	M：100	M：100		M：15	M：83		M：54	M：100	M：55
Y：100	Y：100	Y：58		Y：20	Y：83		Y：23	Y：65	Y：76
K：30	K：9	K：10		K：0	K：73		K：0	K：54	K：6

这套服装运用经典的条纹、纽扣、领带进行搭配，呈现优雅、端庄的学院风格。平驳领与双排扣的设计使服装造型更加优雅、大气，提升了服装的时髦感。大衣剪裁得体、版型修身，更显姿态挺拔，给人大气、利落的感觉。

- 这套服装搭配以黑色为主色，低明度的色彩基调给人沉稳、经典、大气的视觉感受。
- 服装边缘采用纯净、明亮的白色作为点缀，与黑色形成鲜明对比，带来强烈的视觉刺激，使服装更具视觉吸引力。

CMYK：87,85,74,64　CMYK：4,4,2,0

推荐色彩搭配：

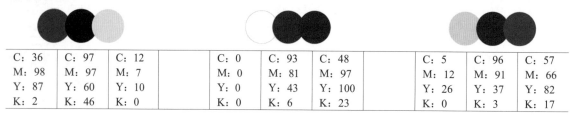

C: 36	C: 97	C: 12		C: 0	C: 93	C: 48		C: 5	C: 96	C: 57
M: 98	M: 97	M: 7		M: 0	M: 81	M: 97		M: 12	M: 91	M: 66
Y: 87	Y: 60	Y: 10		Y: 0	Y: 43	Y: 100		Y: 26	Y: 37	Y: 82
K: 2	K: 46	K: 0		K: 0	K: 6	K: 23		K: 0	K: 3	K: 17

4.17 欧美风格

　　欧美风格服装多呈现时髦、时尚、个性的特点。这一风格的服装款式简单大方，色彩搭配不会太过丰富，简单的搭配就可以展现出欧美风格大胆、前卫的特点，如吊带连衣裙、短裤、皮裤、短背心、裘皮外套等。将这些服装进行搭配，打造出时尚、热情、个性的潮流女性形象。

　　这套服装搭配呈现大胆、前卫、个性的欧美风格。色彩醒目的半身裙外罩渔网裙，提升了服装的时髦度，使服装造型更加时尚、个性；上衣超长的绒毛增添潇洒气息，增强了服装的视觉吸引力。

- 这套服装搭配以灰白色为主色，色彩自然、柔和，给人平和、随性的感觉。
- 半身裙采用白色、红色、黑色等多种颜色进行搭配，整体色彩丰富，带来强烈的视觉刺激。
- 红色张扬、大胆、热情，给人活跃、热烈的视觉感受，极具视觉冲击力。

CMYK: 9,7,9,0　CMYK: 83,82,75,62

CMYK: 31,100,100,1

推荐色彩搭配：

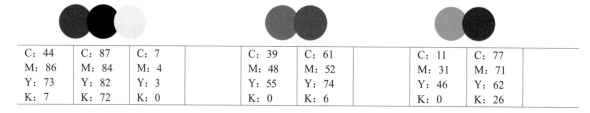

C: 44	C: 87	C: 7		C: 39	C: 61		C: 11	C: 77
M: 86	M: 84	M: 4		M: 48	M: 52		M: 31	M: 71
Y: 73	Y: 82	Y: 3		Y: 55	Y: 74		Y: 46	Y: 62
K: 7	K: 72	K: 0		K: 0	K: 6		K: 0	K: 26

　　这一服装造型由丝绸吊带连衣裙和黑色棒球服搭配而成，休闲、个性的运动外套搭配优雅、华美的丝绸连衣裙，呈现个性、时尚、热情的风格。丝绸面料质地柔软，悬垂性较好，穿着贴身，凸显身体线条，展现出迷人的女性魅力。

- 丝绸连衣裙裙身带有的光泽感使服装更具视觉吸引力，给人时尚、大方的感觉，引人注目。
- 黑色外套搭配灰色连衣裙，服装整体色彩较为朴实、沉着，给人愉悦、舒适的视觉感受。

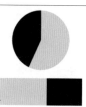

CMYK: 13,10,10,0　CMYK: 96,90,73,65

推荐色彩搭配：

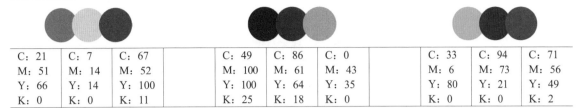

C：21	C：7	C：67		C：49	C：86	C：0		C：33	C：94	C：71
M：51	M：14	M：52		M：100	M：61	M：43		M：6	M：73	M：56
Y：66	Y：14	Y：100		Y：100	Y：64	Y：35		Y：80	Y：21	Y：49
K：0	K：0	K：11		K：25	K：18	K：0		K：0	K：0	K：2

4.18 嘻哈风格

　　嘻哈风格服装的特点是张扬、叛逆。嘻哈风格是街头风格的一种，它将音乐、舞蹈、涂鸦、金属等元素融入服装中，如衬衫、牛仔裤、渔夫帽、带有涂鸦的鞋子和各种金属饰品。嘻哈风格潮流、个性、已成为时尚的象征。

　　这款套装版型宽松，呈现随性、自在、不羁的嘻哈风格。叠穿的上衣与腰间的手套装饰增强了服装的设计感，使服装造型更加鲜活、生动。上衣的动物图案印花散发出自然、清爽的气息，更显时尚、青春。

- 这套服装搭配以黑色为主色，低明度的色彩基调给人帅气、有型的感觉。
- 墨绿色与橙色色彩鲜艳、醒目，使整体服装的色彩更加明亮，增强了服装的视觉冲击力。
- 上衣的图案呈绿色调，色彩清淡、自然，形成清爽、鲜活、自然的视觉效果，给人愉悦、舒适的视觉感受。

CMYK：85,81,77,64

CMYK：14,66,84,0

CMYK：82,45,60,2

推荐色彩搭配：

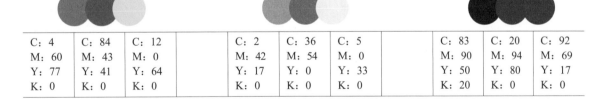

C：4	C：84	C：12		C：2	C：36	C：5		C：83	C：20	C：92
M：60	M：43	M：0		M：42	M：54	M：0		M：90	M：94	M：69
Y：77	Y：41	Y：64		Y：17	Y：0	Y：33		Y：50	Y：80	Y：17
K：0	K：0	K：0		K：0	K：0	K：0		K：20	K：0	K：0

　　这一服装造型由长卫衣叠穿短上衣和短裙搭配而成，呈现个性、时尚、随性的风格，具有较强的视觉吸引力。短裙的腰带设计使服装造型更加别致，增强了服装的设计感，给人新潮、时尚的感觉。

- 这款上衣以青色搭配橘红色形成互补色对比，形成强烈的视觉效果，增强了服装的视觉冲击力，给人留下前卫、张扬、个性的深刻印象。
- 黑色皮靴搭配白色短裙，形成鲜明的对比效果，带来强烈的视觉刺激。
- 服装的整体色彩丰富，具有较强的视觉吸引力。

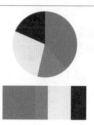

CMYK: 73,42,54,0   CMYK: 13,63,49,0

CMYK: 6,5,7,0   CMYK: 79,76,88,62

推荐色彩搭配：

C: 18	C: 76	C: 39		C: 12	C: 72	C: 68		C: 59	C: 100	C: 50
M: 29	M: 40	M: 99		M: 11	M: 84	M: 9		M: 69	M: 94	M: 91
Y: 89	Y: 2	Y: 100		Y: 11	Y: 0	Y: 78		Y: 96	Y: 50	Y: 61
K: 0	K: 0	K: 4		K: 0	K: 0	K: 0		K: 28	K: 19	K: 9

第 5 章

T 恤衫款式图设计

　　"T恤衫"是"T-shirt"的音译名，通常指针织面料的套头的或带短门襟的、长袖或短袖的衣服。按照袖长，T恤衫可分为长袖T恤衫、中袖T恤衫、短袖T恤衫等。T恤衫领口有多种类型，包括圆领、V字领、一字领、方领、U字领等。

　　T恤衫的面料以纯棉为主，穿着较为舒适、弹性较好，除此之外，丝光棉面料、纯棉双丝光面料、超高支纱纯棉面料、棉麻面料也是T恤衫的常用面料。

　　图案和印花工艺是T恤衫较为突出的特色。图案类型较多，如人、植物、动物、风景、几何图形、抽象图案、文字等；印花工艺包括丝网印花、数码印花、烫画、刺绣等。

5.1 男士运动 T 恤衫

5.1.1 设计思路

案例类型：

本案例是一款面向热爱运动和健身人群的男士运动T恤衫。

设计定位：

本款圆领运动T恤衫由轻薄、柔软的弹力面料制成，良好的伸缩性使其便于进行高强度的运动，保护肌肉。合身的版型与剪裁精准展现肌肉走向，便于纠正错误的运动方式；恰到好处的线条分割弧度流畅，形成视觉上的收缩感，打造出宽肩窄腰的好身材，透露着健康、阳光、活力的气息。

5.1.2 配色方案

本案例采用单色搭配无彩色的配色方式，即以黑、白、灰这类的无彩色作底，搭配某种纯色。配色简单、不易出错。以淡灰色作为主色，表现理性与平和，有利于平息烦躁感；以黄色进行点缀，表现积极与活力，符合运动服装的风格。

以下几幅图为类似配色方案的服装设计作品。

5.1.3 其他配色方案

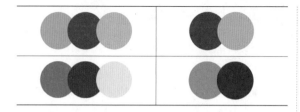

5.1.4 同类作品欣赏

5.1.5 项目实战

1.绘制T恤衫前片

步骤/01 打开CorelDRAW软件，执行"文件>新建"命令，在弹出的"创建新文档"对话框中设置"页面大小"为A4，"方向"为横向，单击OK按钮。

步骤/02 单击工具箱中的"矩形工具"按钮，绘制一个与面板等大的矩形。

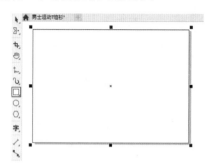

步骤/03 选中矩形，在调色板中左击白色，设置"填充色"为白色，右击调色板中的"无"，去除轮廓色。

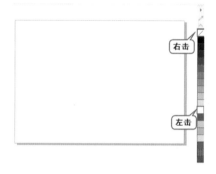

步骤/04 单击工具箱中的"钢笔工具"按钮，在画面空白位置单击，绘制一个路径的起点。

步骤/05 将光标移动到下一个位置单击，创建第二个节点，两个节点之间连成一条路径。继续将光标移动到其他位置，通过多次单击的方式，并回到起点形成一个闭合图形，绘制出服装前片左侧部分的基本图形。接着在属性栏中设置

"轮廓宽度"为0.5mm。

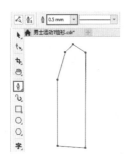

步骤/06 选中该图形，然后单击工具箱中的"形状工具"按钮，单击选中一个节点，接着在属性栏中单击"转换为曲线"按钮，然后拖动控制柄调整该节点的弧度。

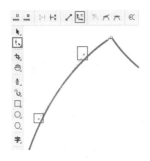

步骤/07 继续使用同样的方法调整其他节点的弧度。

步骤/08 选中前片图形，接着使用快捷键Ctrl+C进行复制，使用快捷键Ctrl+V进行粘贴，然后单击属性栏中的"水平镜像"按钮。

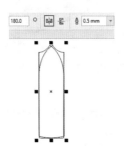

步骤/09 单击工具箱中的"选择工具"按钮，选中复制的图形，按住鼠标左键向右拖动，将复制的前片图形移动到右侧合适位置。

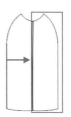

步骤/10 选中前片图形，然后在属性栏中单击"焊接"按钮，此时两个图形合并为一体。接着在右侧调色板中左击浅灰色，设置"填充色"为浅灰色。

2.绘制T恤衫衣袖

步骤/01 单击工具箱中的"钢笔工具"按钮，在画面空白位置绘制一个起点，然后移动光标在另一位置单击并按住鼠标左键拖动，绘制出带有弧度的线条。

步骤/02 继续使用同样的方法绘制其他节点，使其形成一个衣袖的闭合图形。在右侧调色板中设置"轮廓色"为黑色，并在属性栏中设置"轮廓宽度"为0.5mm，使用"选择工具"将图

形移动到前片右侧上方合适位置。

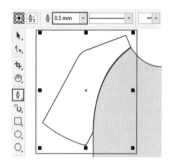

步骤/03 选中右袖图形，单击工具箱中的"交互式填充"按钮，在属性栏中单击"均匀填充"按钮，设置"填充色"为黄色。

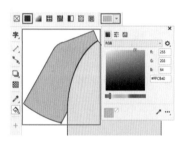

步骤/04 为袖子添加细节。使用"钢笔工具"在右袖和前片之间的位置绘制形状，然后设置"填充色"为灰色，"轮廓色"为黑色，并在属性栏中设置"轮廓宽度"为0.5mm。

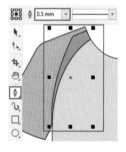

步骤/05 继续使用同样的方法，在衣袖外边缘的位置绘制另一个条状图形。

步骤/06 制作衣袖缉明线。继续使用"钢笔工具"，在右袖绘制一条路径。

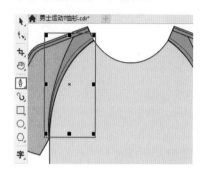

步骤/07 设置"轮廓色"为黑色，并在属性栏中设置"轮廓宽度"为0.2mm，在"线条样式"下拉列表中选择一种虚线样式。

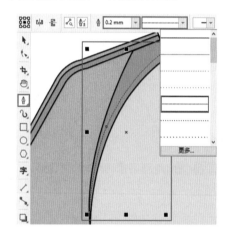

步骤/08 继续使用同样的方法绘制右袖袖口缉明线，并复制出另外一条缉明线，适当移动。

步骤/09 选中右侧衣袖所有图形，接着使用快捷键Ctrl+C进行复制，使用快捷键Ctrl+V进行粘贴，然后单击属性栏中的"水平镜像"按钮。

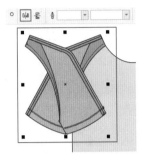

步骤/10 将图形移动到画面右侧合适位置。

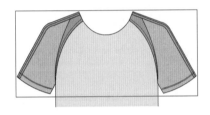

3.绘制T恤衫衣领

步骤/01 绘制后片。单击工具箱中的"钢笔工具"按钮，在领口处绘制一个类似半圆的形状，然后在调色板中设置"填充色"为灰色，"轮廓色"为黑色，并在属性栏中设置"轮廓宽度"为0.5mm。

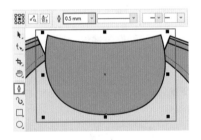

步骤/02 选中后衣领图形，单击鼠标右键，在弹出的快捷菜单中执行"顺序>向后一层"命令。

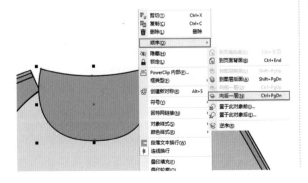

步骤/03 此时后衣领效果图制作完成。

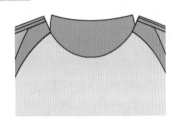

步骤/04 绘制后衣领。单击工具箱中的"矩形工具"按钮，绘制一个矩形，然后设置"填充色"为浅灰色，并在属性栏中设置"轮廓宽度"为0.5mm。

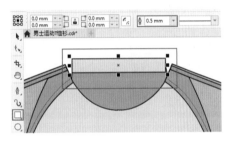

步骤/05 单击工具箱中的"封套工具"按钮，单击矩形的节点，并调节各个节点的位置。

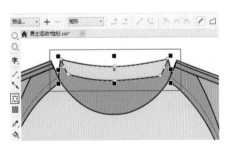

步骤/06 绘制前衣领。单击工具箱中的"钢笔工具"按钮，绘制前领口图形，然后设置"填充色"为浅灰色，"轮廓色"为黑色，并在属性栏中设置"轮廓宽度"为0.5mm。

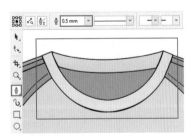

4.绘制前片装饰元素

步骤/01 单击工具箱中的"钢笔工具"按钮，在T恤衫前片右侧绘制装饰图形。单击工具箱中的"属性滴管工具"按钮，单击衣袖吸取其颜色属性，然后单击装饰图形，为其赋予相同的属性。

步骤/02 单击工具箱中的"椭圆形工具"按钮，绘制两个大小不同的椭圆。

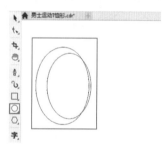

步骤/03 单击工具箱中的"选择工具"按钮，框选两个图形，然后单击属性栏中的"移去前面对象"按钮。

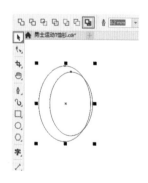

步骤/04 此时得到一个新的图形。

步骤/05 将图形移动到合适位置，设置"填充色"为黄色，"轮廓色"为黑色，并在属性栏中设置"轮廓宽度"为0.5mm。

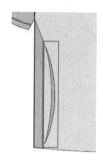

步骤/06 单击工具箱中的"选择工具"按钮，选中侧面的两部分图形，接着使用快捷键Ctrl+G进行组合，使用快捷键Ctrl+C进行复制，使用快捷键Ctrl+V进行粘贴，然后单击属性栏中的"水平镜像"按钮。

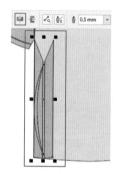

步骤/07 将图形移动到画面右侧的合适位置。

步骤/08 使用"钢笔工具"在T恤衫下摆位置绘制两条缉明线，接着在属性栏中设置"轮廓宽度"为0.2mm，然后设置"线条样式"为

虚线样式。

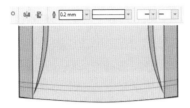

步骤/09 制作T恤衫文字部分。单击工具箱中的"文本工具"按钮，在画面中单击插入光标，然后输入文字，接着选中输入的文字，在属性栏中设置合适的字体和字号。

步骤/10 使用工具箱中的"文本工具"添加文字，然后在属性栏中设置合适的"字体"和稍小的"字号"，在主体文字的左上方输入颜色稍浅的文字。

步骤/11 开始制作品牌标志图形。单击工具箱中的"多边形工具"按钮，在属性栏中设置"点数或边数"为3。接着按住Ctrl键并拖动鼠标，在文字上方绘制一个正三角形。绘制完成后选中该图形，在右侧"调色板"中设置"填充色"为沙黄色，"轮廓色"为黑色，然后在属性栏中设置"轮廓宽度"为0.25mm。

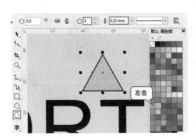

步骤/12 使用同样的方法绘制稍小一些的灰色正三角形，并摆放在沙黄色三角形的上方。

步骤/13 单击工具箱中的"椭圆形工具"按钮，按住Ctrl键并拖动绘制一个正圆。选中正圆，在属性栏中设置"轮廓宽度"为0.25mm，然后设置"填充色"为浅橘红色，"轮廓色"为黑色。

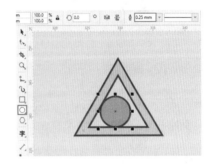

步骤/14 继续使用同样的方法绘制一个稍小一些的沙黄色正圆，并摆放到浅橘红色正圆上方。

步骤/15 此时，男士运动T恤衫效果图制作完成。

5.2 印花女士 T 恤衫

5.2.1 设计思路

案例类型：

本案例是一款经典的复古风格的印花女士T恤衫。

设计定位：

本款印花女式T恤衫版型宽松，H型廓形线条流畅，修饰肩宽，穿着舒适；服装袖幅宽大，与腰线位置齐平，松垮的造型掩盖腰部缺点，充满慵懒、随性的韵味。袖口的斜条纹富有韵律感，凸显个性与新潮。服装前片的油画人像印花增添摩登复古感。

5.2.2 配色方案

本案例采用同类色的色彩搭配方式，以不同明度的棕咖色作为服装的主体颜色，衣袖及服装前片两侧为深色，前片中间部分为浅色；色彩明暗的对比在视觉上收缩身形，显得瘦小；数字油画人像印花带有明显的复古韵味，风格感十足。

以下几幅图为类似配色方案的服装设计作品。

5.2.3 其他配色方案

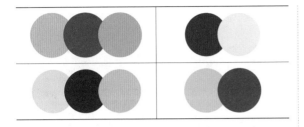

5.2.4 同类作品欣赏

5.2.5 项目实战

1.绘制T恤衫前片

步骤/01　新建一个空白文档。单击工具箱中的"钢笔工具"按钮，在画面中绘制T恤衫的前片图形。

步骤/02　选中形状，单击工具箱中的"交互式填充"按钮，在属性栏中单击"均匀填充"按钮，设置"填充色"为棕咖色。然后在调色板中右击黑色，设置"轮廓色"为黑色，并在属性栏中设置"轮廓宽度"为0.5mm。

步骤/03　使用"钢笔工具"在画面左侧位置绘制线条。然后在调色板中右击黑色，设置"轮廓色"为黑色，并在属性栏中设置"轮廓宽度"为0.5mm。

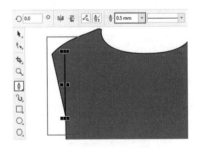

步骤/04　继续使用"钢笔工具"在线条左侧绘制细长的三角形作为褶皱部分。设置"填充色"为深棕色，并右击"无"，去除轮廓色。

步骤/05　选中刚刚绘制的两个图形，接着使用快捷键Ctrl+C进行复制，使用快捷键Ctrl+V

进行粘贴，然后单击属性栏中的"水平镜像"按钮。

步骤/06 单击工具箱中的"选择工具"按钮，然后将这两部分图形分别摆放在与袖口相接的位置。

步骤/07 使用"钢笔工具"在画面绘制一个稍窄的形状作为前片的一部分，将其填充为浅棕咖色，在调色板中设置"轮廓色"为黑色，并在属性栏中设置"轮廓宽度"为0.5mm。

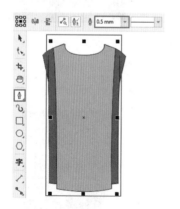

2.绘制T恤衫衣领

步骤/01 绘制T恤衫后片。单击工具箱中的"钢笔工具"按钮，在前片上方绘制T恤衫后片的图形，将其填充为棕色，在调色板中设置"轮

廓色"为黑色，并在属性栏中设置"轮廓宽度"为0.5mm。

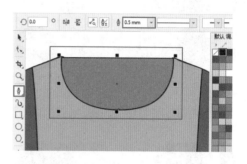

步骤/02 选择T恤衫后片图形，单击鼠标右键，在弹出的快捷菜单中多次执行"顺序>向后一层"命令。

步骤/03 T恤衫后片被放置到前片图形的后方。

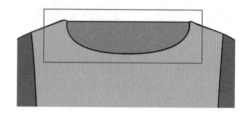

步骤/04 单击工具箱中的"钢笔工具"按钮，绘制后衣领，并将其填充为深褐色，在调色板中设置"轮廓色"为黑色，并在属性栏中设置"轮廓宽度"为0.5mm。

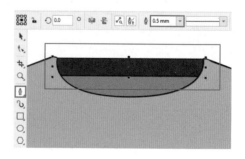

步骤/05 制作前衣领。使用"钢笔工具"在前片上方合适位置绘制前衣领的图形。将其填充为深褐色，在调色板中设置"轮廓色"为黑色，并在属性栏中设置"轮廓宽度"为0.5mm。

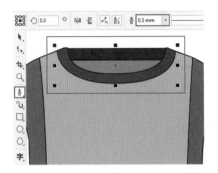

步骤/06 绘制领口的图案。单击工具箱中的"钢笔工具"按钮，在画面空白位置按住Shift键的同时按住鼠标左键绘制一条短直线，并在属性栏中设置"轮廓宽度"为0.5mm。

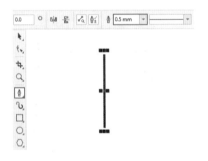

步骤/07 在选中该线条的情况下，按住鼠标左键并将其拖动至另一位置处，按下鼠标右键进行复制。多次使用"再制"快捷键Ctrl+D，快速移动并复制得到一系列相同的线条图形。选中所有直线图形，使用快捷键Ctrl+G进行组合。（在移动复制过程中，需要按住Shift键，以保证进行水平的移动复制）

步骤/08 将线条图案复制一份，然后单击鼠标右键，执行"PowerClip内部"命令，接着在前衣领上单击。

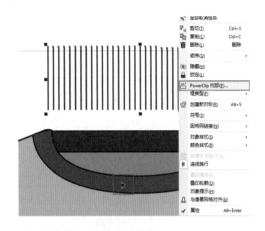

步骤/09 此时，T恤衫衣领画面效果如下图所示。

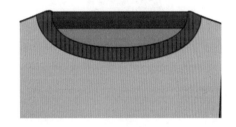

步骤/10 制作前衣领缉明线。单击工具箱中的"钢笔工具"按钮，在前衣领边缘绘制一条路径，并在调色板中设置"轮廓色"为黑色，在属性栏中设置"轮廓宽度"为0.2mm，然后设置"线条样式"为一种合适的虚线样式。

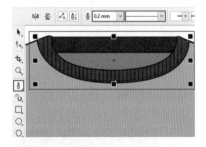

3.绘制T恤衫衣袖

步骤/01 制作右衣袖。单击工具箱中的"钢笔工具"按钮并绘制图形，将其填充为棕咖色，在调色板中设置"轮廓色"为黑色，并在属性栏中设置"轮廓宽度"为0.5mm。

步骤/02 制作右衣袖褶皱。使用工具箱中的"钢笔工具"绘制图形，将其填充为深棕色，并在调色板中去除轮廓色。

步骤/03 继续使用同样的方式绘制另一条褶皱。

步骤/04 单击工具箱中的"钢笔工具"按钮，在衣袖下方绘制图形，将其填充为浅棕咖色，在调色板中设置"轮廓色"为黑色，并在属性栏中设置"轮廓宽度"为0.5mm。

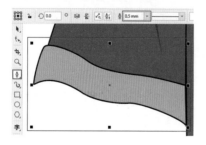

步骤/05 继续使用"钢笔工具"，在画面空白位置通过两次单击鼠标左键，绘制出一条倾斜的直线，并在属性栏中设置"轮廓宽度"为0.5mm。

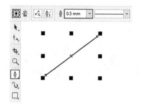

步骤/06 继续使用再制的方法复制得到多条直线并更改其轮廓色。

步骤/07 选中所有直线图形，将其适当旋转。然后单击鼠标右键，执行"PowerClip 内部"命令，接着在袖口上单击。

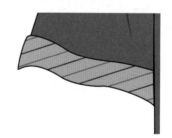

步骤/08 单击工具箱中的"钢笔工具"按钮并绘制褶皱图形，将其填充为棕色，并在调色板中去除轮廓色。

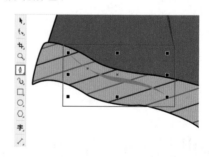

步骤/09 制作缉明线。单击工具箱中的"钢笔工具"按钮，在袖口边缘绘制一条路径，在调色板中设置"轮廓色"为黑色，并在属性栏

中设置"轮廓宽度"为0.2mm，然后设置"线条样式"为一种合适的虚线样式。

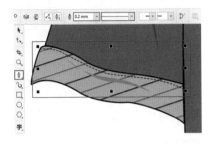

步骤/10 继续使用同样的方法绘制另一条缉明线。

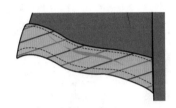

步骤/11 制作袖口。单击工具箱中的"钢笔工具"按钮，在衣袖下方绘制图形，将其填充为深棕色，并在调色板中设置"轮廓色"为黑色，在属性栏中设置"轮廓宽度"为0.5mm。

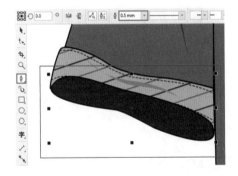

步骤/12 选择袖口图形，单击鼠标右键，在弹出的快捷菜单中多次执行"顺序>向后一层"命令。

步骤/13 此时，衣袖袖口画面效果如下图所示。

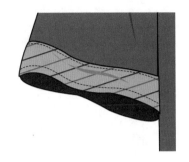

步骤/14 单击工具箱中的"选择工具"按钮，选中衣袖全部图形，接着使用快捷键Ctrl+G进行组合，使用快捷键Ctrl+C进行复制，使用快捷键Ctrl+V进行粘贴，然后单击属性栏中的"水平镜像"按钮。

步骤/15 将衣袖图形移动到合适的位置。

4.添加印花图案

步骤/01 单击工具箱中的"钢笔工具"按钮，在前襟左侧的合适位置绘制褶皱形成的阴影形状。

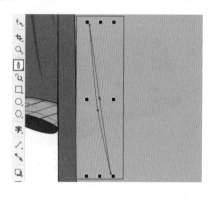

步骤/02 选中形状，单击工具箱中的"交互式填充"按钮，在属性栏中单击"均匀填充"按钮，设置"填充色"为棕色，然后在调色板中右击"无"按钮，去除轮廓色。

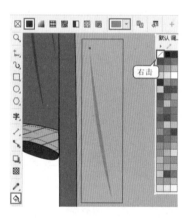

步骤/03 继续使用同样的方法绘制另一条阴影形状。

步骤/04 执行"文件>导入"命令，导入素材"1.jpg"，并调整素材的大小。

步骤/05 选中导入的素材，执行"位图>快速描摹"命令，接着移除原图。

步骤/06 选中描摹后的素材，单击鼠标右键，执行"取消群组"命令。

步骤/07 选择素材白色背景，按下键盘上的Delete键，将白色背景删除。

步骤/08 制作印花女式T恤衫文字部分。单击工具箱中的"文本工具"按钮，在图案下方单击插入光标，然后输入文字，接着选中输入的文字，在属性栏中设置合适的字体和字号。

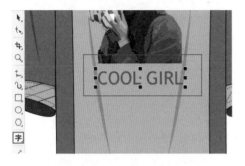

步骤/09 此时印花女式T恤衫制作完成。

5.3 女士棉麻 T 恤衫

5.3.1 设计思路

案例类型：

本案例是一款自然田园风格的女士棉麻T恤衫。

设计定位：

本款T恤衫采用柔软、轻薄的棉麻面料制成，前襟与后片的抽褶设计使上身弧度更加流畅自然，版型合身，穿着舒适。圆领与V字领的结合打破了圆领的中规中矩，使造型更加亮眼、迷人的同时不失清爽。服装整体造型呈现一种自然、大方、简约的美。

5.3.2 配色方案

本案例采用单色搭配无彩色的色彩搭配方式，以薄荷绿色作为主色，充满清新、淡雅的韵味，白色作为辅助色，增添了活泼、清爽的气息，整体散发出青春、朝气蓬勃的气息。

以下几幅图为类似配色方案的服装设计作品。

5.3.3 其他配色方案

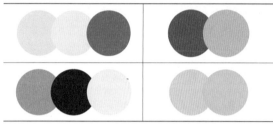

5.3.4 同类作品欣赏

5.3.5 项目实战

1.绘制棉麻面料

步骤/01 新建一个空白文档。首先制作棉

麻面料部分。单击工具箱中的"矩形工具"按钮，在画面空白位置绘制一个矩形，然后在调色板中左击白色，设置"填充色"为白色，右击浅灰色，设置"轮廓色"为浅灰色。

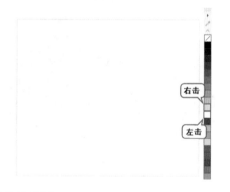

步骤/02 单击工具箱中的"钢笔工具"按钮，在画面左上角通过多次单击绘制一个图形。

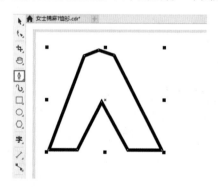

步骤/03 选中该图形，单击工具箱中的"形状工具"按钮，选中顶部节点，接着单击属性栏中的"转换为曲线"按钮，然后拖动控制柄调整弧度，并使用同样的方法调节其他

节点。

步骤/04 选中该图形，单击工具箱中的"交互式填充工具"按钮，接着在属性栏中单击"均匀填充"按钮，然后设置"填充色"为薄荷绿色。

步骤/05 选中该图形，右击调色板中的"无"，去除轮廓色。

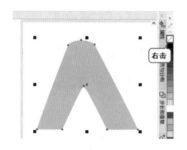

步骤/06 选中该图形，执行"编辑">"步长和重复"命令，在弹出的"步长和重复"泊坞窗中，将"水平设置"的"间距"设置为5.5mm，"垂直设置"的"份数"设置为13，设置完成后单击"应用"按钮。

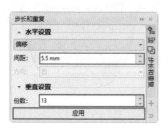

步骤/07 选中所有图形，使用快捷键Ctrl+G进行组合。

步骤/08 选中该图形组，接着使用快捷键Ctrl+C进行复制，使用快捷键Ctrl+V进行粘贴，并将复制得到的图形组向下移动到合适位置，然后单击属性栏中的"水平镜像"按钮。

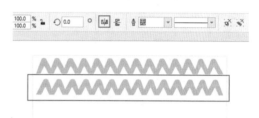

步骤/09 选中下面的图形组，单击属性栏中的"垂直镜像"按钮。

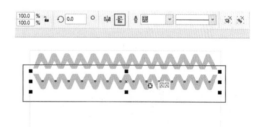

步骤/10 将所有图形选中，接着使用快捷键Ctrl+C进行复制，使用快捷键Ctrl+V进行粘贴，然后将图形向下移动到合适的位置。

步骤/11 继续使用同样的方法制作其他图形。

步骤/12 选中所有图形，执行"窗口>泊坞窗>对齐与分布"命令，在弹出的"对齐与分布"泊坞窗中，单击"水平居中"和"垂直分散排列中心"按钮。

步骤/13 此时女士棉麻T恤衫棉麻面料部分制作完成。将棉麻面料所有图形选中，使用快捷键Ctrl+G进行组合。

2.绘制衣领和前片

步骤/01 绘制T恤衫正面后片。单击工具箱中的"钢笔工具"按钮，在画面空白位置多次单击绘制形状，接着在属性栏中设置"轮廓宽度"为0.5mm，并在右侧调色板中右击黑色，设置"轮廓色"为黑色。

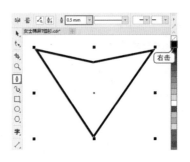

步骤/02 选中该图形，单击工具箱中的"形状工具"按钮，选中一个节点，接着单击属性栏中的"转换为曲线"按钮，然后拖动控制柄调整弧度，并使用同样的方法调节其他节点。

步骤/03 选中该图形，单击工具箱中的"交互式填充工具"按钮，接着在属性栏中单击"均匀填充"按钮，然后设置"填充色"为深青色。

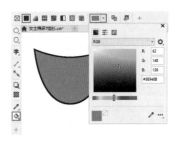

步骤/04 单击工具箱中的"钢笔工具"按钮，绘制后片衣领形状，将其填充为深青色，并设置"轮廓宽度"为0.5mm。

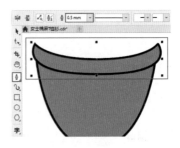

步骤/05 制作T恤衫前襟。使用"钢笔工

具"在画面后片上方绘制形状，在属性栏中设置"轮廓宽度"为0.5mm，设置"填充色"为青色，"轮廓色"为黑色。

适位置绘制衣领形状，在属性栏中设置"轮廓宽度"为0.5mm，设置"填充色"为青色，"轮廓色"为黑色。

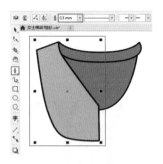

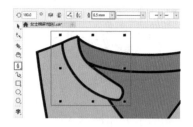

步骤/06 选中前襟图形，接着使用快捷键Ctrl+C进行复制，使用快捷键Ctrl+V进行粘贴，然后单击属性栏中的"水平镜像"按钮。

步骤/10 继续使用"钢笔工具"，在衣领下方绘制图形，设置"填充色"为青色，"轮廓色"为黑色，并在属性栏中设置"轮廓宽度"为0.5mm。

步骤/07 将图形移动到画面右侧的合适位置。

步骤/11 选中该图形，单击鼠标右键，在弹出的快捷菜单中执行"顺序>向后一层"命令。

步骤/08 选中这两个前襟图形，在属性栏中单击"焊接"按钮。

步骤/12 此时，T恤衫右侧衣领效果图制作完成。

步骤/09 制作T恤衫右侧衣领。单击工具箱中的"钢笔工具"按钮，在画面前片左侧上方合

步骤/13 选中这两部分图形，接着使用快捷键Ctrl+C进行复制，使用快捷键Ctrl+V进行粘贴，然后单击属性栏中的"水平镜像"按钮。

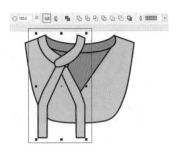

步骤/14 将图形移动到画面右侧的合适位置。

步骤/15 将左侧衣领的两个图形选中，单击鼠标右键，在弹出的快捷菜单中执行"顺序>向后一层"命令。

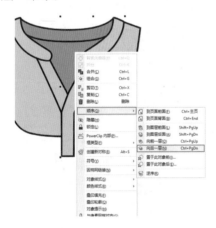

步骤/16 此时，T恤衫衣领效果图制作完成。

步骤/17 绘制纽扣。单击工具箱中的"椭圆工具"按钮，在画面衣领下方按住Ctrl键的同时按住鼠标左键拖动绘制一个正圆，接着将其填充为深青色，然后在调色板中设置"轮廓色"为黑色，并在属性栏中设置"轮廓宽度"为0.2mm。

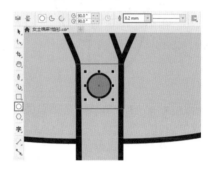

步骤/18 选中该图形，接着使用快捷键Ctrl+C进行复制，使用快捷键Ctrl+V进行粘贴，然后将图形移动到下方合适位置。

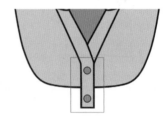

步骤/19 绘制T恤衫前片。单击工具箱中的"钢笔工具"按钮，在前襟下方绘制形状，在调色板中设置"轮廓色"为黑色，并在属性栏中设置"轮廓宽度"为0.5mm。

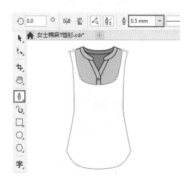

步骤/20 选中该图形，单击鼠标右键，在

弹出的快捷菜单中多次执行"顺序>向后一层"命令。

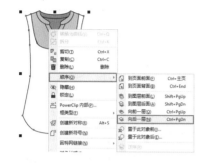

步骤/21 此时，T恤衫前片轮廓绘制完成。

步骤/22 为T恤衫前片添加棉麻面料效果。复制面料，单击鼠标右键，执行"PowerClip内部"命令，并在T恤衫前片图形上单击。

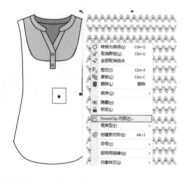

步骤/23 此时T恤衫衣领和前片制作完成。

3.绘制衣袖和衣褶

步骤/01 制作T恤衫的衣袖部分。单击工具箱中的"钢笔工具"按钮，在画面左侧合适位置绘制形状，在调色板中设置"轮廓色"为黑色，并在属性栏中设置"轮廓宽度"为0.5mm。

步骤/02 为T恤衫右侧袖子添加面料效果。复制面料，单击鼠标右键，执行"PowerClip内部"命令，并在T恤衫右侧袖子图形上单击。

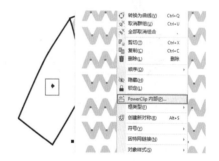

步骤/03 此时，T恤衫右侧袖子画面效果如下图所示。

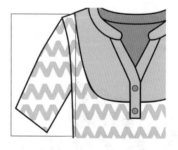

步骤/04 制作T恤衫衣袖袖口部分。使用"钢笔工具"在画面左侧衣袖下方绘制形状，设置"填充色"为青色，"轮廓色"为黑色，接着在属性栏中设置"轮廓宽度"为0.5mm。

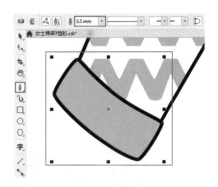

步骤/05 继续使用"钢笔工具"在袖口上方绘制图形，并设置"填充色"为青色，"轮廓色"为黑色，接着在属性栏中设置"轮廓宽度"为0.5mm。

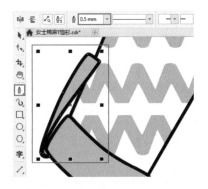

步骤/06 绘制衣袖纽扣。单击工具箱中的"椭圆形工具"按钮，在画面中按住Ctrl键的同时按住鼠标左键拖动绘制一个正圆，然后将其填充为深青色，接着在调色板中设置"轮廓色"为黑色，并在属性栏中设置"轮廓宽度"为0.2mm。

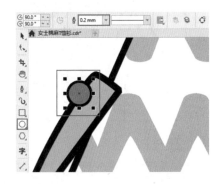

步骤/07 此时，T恤衫右侧衣袖效果图制作完成。接着单击工具箱中的"选择工具"按钮，

将衣袖所有图形选中，使用快捷键Ctrl+G进行组合。

步骤/08 单击工具箱中的"选择工具"按钮，选中T恤衫右侧衣袖图形，接着使用快捷键Ctrl+C进行复制，使用快捷键Ctrl+V进行粘贴，然后单击属性栏中的"水平镜像"按钮。

步骤/09 将复制的衣袖图形移动到右侧画面的合适位置。

步骤/10 绘制T恤衫衣褶。单击工具箱中的"钢笔工具"按钮，在T恤衫前襟下方绘制衣褶的细长图形，接着将其填充为黑色，并去除轮廓色。

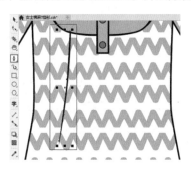

步骤/11 继续使用同样的方法绘制T恤衫正面其他衣褶，此时女士棉麻T恤衫正面制作完成。选中T恤衫正面所有图形，使用快捷键Ctrl+G进行组合。

4.绘制T恤衫后片

步骤/01 绘制T恤衫衣领部分。单击工具箱中的"钢笔工具"按钮，绘制衣领形状，然后将其填充为青色，接着在调色板中设置"轮廓色"为黑色，并在属性栏中设置"轮廓宽度"为0.5mm。

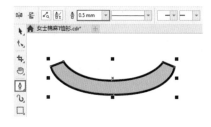

步骤/02 使用"钢笔工具"在衣领下方绘制后片上半部分图形，然后将其填充为青色，接着在调色板中设置"轮廓色"为黑色，并在属性栏中设置"轮廓宽度"为0.5mm。

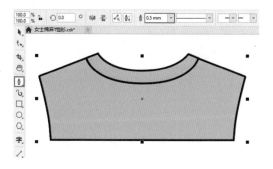

步骤/03 继续使用"钢笔工具"绘制后片下半部分图形，接着在调色板中设置"轮廓色"为黑色，并在属性栏中设置"轮廓宽度"为0.5mm。

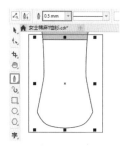

步骤/04 为T恤衫后片下半部分添加棉麻面料效果。选中面料图形，单击鼠标右键，执行"PowerClip内部"命令，接着在T恤衫后片下半部分单击。

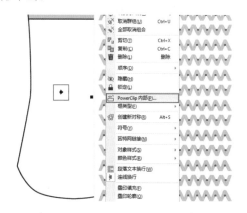

步骤/05 此时，T恤衫后襟下半部分画面效果图制作完成。

步骤/06 选中T恤衫正面的衣袖图形，接着使用快捷键Ctrl+C进行复制，使用快捷键Ctrl+V进行粘贴，然后将复制得到的衣袖摆放到T恤衫

背面的合适位置。

步骤／07▷ 绘制T恤衫背面衣褶。单击工具箱
中的"钢笔工具"按钮，在T恤衫背面绘制衣褶
形状，接着将其填充为黑色，并去除轮廓色。

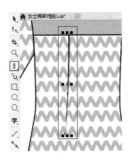

步骤／08▷ 继续使用同样的方法绘制T恤衫背
面另一条衣褶，此时女士棉麻T恤衫制作完成。

第 6 章

衬衫款式图设计

衬衫是一种穿在内外上衣之间，也可以是单独穿着的上衣。衬衫的款式有很多，可以按照衬衫的领口、门襟、袖口、后背的款式差别进行以下分类。

按领口款式的不同，主要分为标准领、圆角领、一字领、长尖领、弧开领、温莎领等。

按门襟款式的不同，主要分为软门襟、明门襟、暗门襟等。

按袖口款式的不同，主要分为圆角袖口、截角袖口、直角袖口、两扣款袖口、法式袖口等。

按后背款式的不同，主要分为后背无褶、后背双褶、后背工字褶等。

6.1 休闲牛仔衬衫

6.1.1 设计思路

案例类型：

本案例是一款百搭的男女同款休闲牛仔衬衫。

设计定位：

本款牛仔衬衫版型宽松，H型衣身线条流畅，有效修饰身材的不足，穿着舒适轻便、动作自如。袖长衣短，视觉上拉长纤细手臂，衣服较短显得干练不拖沓。中性风的剪裁设计简单、大方，散发清爽、活力的气息。门襟的金属纽扣设计，提升了服装的时髦感。

6.1.2 配色方案

牛仔面料是经久不衰的时尚、潮流的宠儿。本案例选用牛仔面料，采用单色系色彩搭配方式，以牛仔蓝色为主色，尽显简洁、清爽的韵味，并以金属扣加以点缀，随性中不乏格调。

以下几幅图为类似配色方案的服装设计作品。

6.1.3 其他配色方案

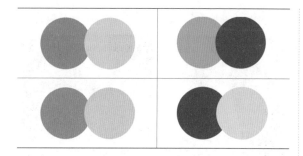

6.1.4 同类作品欣赏

6.1.5 项目实战

1.绘制款式图线稿

步骤/01 新建一个空白文档。首先绘制衬衫领口。单击工具箱中的"钢笔工具"按钮，在画面绘制领口部分图形。选中形状，在调色板中左击白色，设置"填充色"为白色，接着右击黑色，设置"轮廓色"为黑色，并在属性栏中设置

"轮廓宽度"为0.3mm。

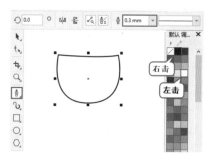

步骤/02 继续使用同样的方法在下方绘制一个稍宽的图形。

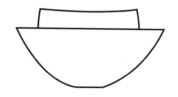

步骤/03 绘制衬衫前片。单击工具箱中的"钢笔工具"按钮，绘制衬衫前片图形，并设置"填充色"为白色，"轮廓色"为黑色，在属性栏中设置"轮廓宽度"为0.3mm。

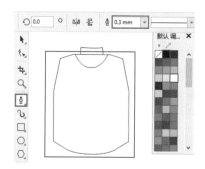

步骤/04 继续使用"钢笔工具"绘制两侧过肩及门襟的线条。

步骤/05 绘制衬衫衣领。单击工具箱中的"钢笔工具"按钮，绘制衬衫右侧衣领，并设置"填充色"为白色，"轮廓色"为黑色，在属性栏中设置"轮廓宽度"为0.3mm。

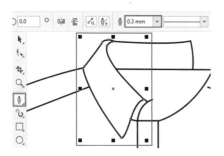

步骤/06 单击工具箱中的"选择工具"按钮，选中衬衫右侧衣领，接着使用快捷键Ctrl+C进行复制，使用快捷键Ctrl+V进行粘贴，然后单击属性栏中的"水平镜像"按钮。

步骤/07 单击工具箱中的"选择工具"按钮，选中复制的部分，将其移动到画面右侧的合适位置。

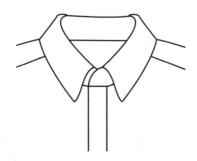

步骤/08 单击工具箱中的"钢笔工具"按钮，绘制衬衫右侧的衣袖部分，并设置"填充色"为白色，"轮廓色"为黑色，在属性栏中设置"轮廓宽度"为0.3mm。

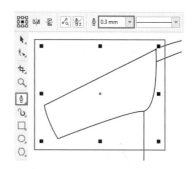

步骤/09 继续使用同样的方法绘制右侧衣袖的袖口部分。

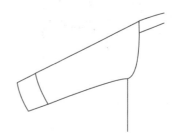

步骤/10 单击工具箱中的"选择工具"按钮，选中衬衫右侧衣袖所有图形，接着使用快捷键Ctrl+G进行组合，使用快捷键Ctrl+C进行复制，使用快捷键Ctrl+V进行粘贴，然后单击属性栏中的"水平镜像"按钮。

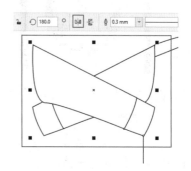

步骤/11 将其移动到画面右侧的合适位置。

步骤/12 制作衬衫纽扣。单击工具箱中的"椭圆形工具"按钮，在衬衫门襟合适位置按住Ctrl键的同时按住鼠标左键并拖动，绘制出一个正圆，接着设置"填充色"为白色，"轮廓色"为黑色，并在属性栏中设置"轮廓宽度"为0.3mm。

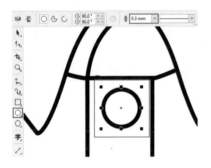

步骤/13 选中纽扣形状，单击工具箱中的"交互式填充工具"按钮，在属性栏中单击"渐变填充"按钮，然后单击"线性渐变填充"按钮，接着设置一个"灰色到白色的渐变填充"。

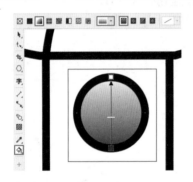

步骤/14 复制四个纽扣，并移动到下方。接着选中所有纽扣图形，执行"窗口>泊坞窗>对齐与分布"命令，在"对齐与分布"泊坞窗中，单击"水平居中对齐"和"垂直分散排列中心"按钮。

步骤/15 此时纽扣效果图制作完成。

步骤/16 绘制衬衫的缉明线。使用"钢笔工具"在衣领上绘制一条路径，并在调色板中设置"轮廓色"为黑色，在属性栏中设置"轮廓宽度"为0.3mm，然后选中一种合适的虚线"线条样式"。

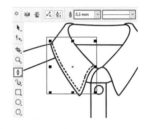

步骤/17 继续使用同样的方法绘制其他缉明线，画面效果如下图。

2.制作休闲牛仔面料衬衫效果图

步骤/01 复制绘制好的衬衫轮廓图，移动到画面右侧。

步骤/02 单击工具箱中的"选择工具"按钮，选中衬衫的所有图形，接着使用快捷键Ctrl+G进行组合。使用快捷键Ctrl+C进行复制，使用快捷键Ctrl+V进行粘贴，然后执行"对象>造型>边界"命令，为衬衫创建轮廓。

仔面料的制作。

步骤/06 单击工具箱中的"选择工具"按钮，将牛仔面料移动到衬衫图形上方，此时休闲牛仔衬衫效果图制作完成。

步骤/03 为衬衫添加牛仔面料。执行"文件>导入"命令，将素材"1.jpg"导入画面中并调整其大小。选中素材，单击工具箱中的"透明度工具"按钮，在属性栏中单击"无透明度"按钮，并设置"合并模式"为"如果更暗"。

步骤/04 选中素材，接着单击鼠标右键，执行"PowerClip内部"命令，然后在衬衫轮廓图形上单击。

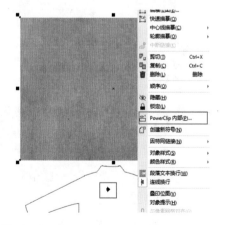

步骤/05 在调色板中去除轮廓色。单击鼠标右键，执行"顺序>到页面前面"命令，完成牛

6.2 甜美少女风格女士衬衫

6.2.1 设计思路

案例类型：

本案例是一款甜美少女风格的女士衬衫。

设计定位：

本款雪纺衬衫剪裁合身，耸肩袖型立体感较

强，在视觉上提高肩膀的位置，打造出优美的肩部线条；领口的多层荷叶边赋予服装层次感与饱满感，修饰身形，尽显甜美、优雅的气息；袖口处木耳花边的点缀使服装造型更加可爱、活泼，日常穿着减龄又不失气质。

6.2.2 配色方案

本案例采用浅色搭配白色的配色方式，两款衬衫分别以淡蓝色和浅黄色为主色，充满清新、淡雅的韵味，白色的衣袖与衣领的荷叶边装饰增添了空灵与纯净，服装整体洋溢着清纯、甜美的青春气息。

以下几幅图为类似配色方案的服装设计作品。

6.2.3 其他配色方案

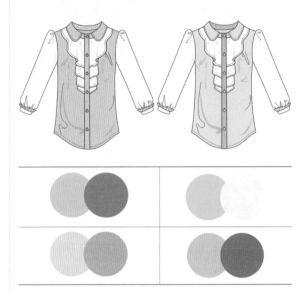

6.2.4 同类作品欣赏

6.2.5 项目实战

1.绘制衬衫前片

步骤/01 新建一个空白文档。单击工具箱中的"钢笔工具"按钮，绘制后领，然后在调色板中右击黑色，设置"轮廓色"为黑色，并在属性栏中设置"轮廓宽度"为0.3mm。

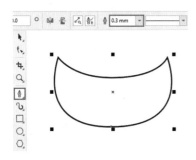

步骤/02 选中形状，单击工具箱中的"交互式填充"按钮，在属性栏中单击"均匀填充"按钮，设置"填充色"为浅蓝色。

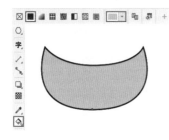

步骤/03 继续使用同样的方法绘制领口。

步骤/04 使用"钢笔工具"绘制衬衫前片，并设置"填充色"为淡蓝色，"轮廓色"为黑色，在属性栏中设置"轮廓宽度"为0.3mm。

步骤/05 制作衬衫右侧的花边部分。单击

工具箱中的"钢笔工具"按钮，在衣领下方绘制花边，在调色板中设置"填充色"为白色，"轮廓色"为黑色，并在属性栏中设置"轮廓宽度"为0.3mm。

步骤/06 继续使用同样的方法绘制衬衫右侧的其他花边。

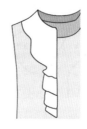

步骤/07 使用工具箱中的"钢笔工具"绘制花边阴影，并设置"填充色"为灰色，"轮廓色"为黑色，在属性栏中设置"轮廓宽度"为0.3mm。

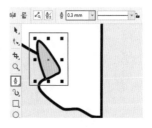

步骤/08 选中阴影图形，单击鼠标右键，执行"顺序">"置于此对象后"命令，接着在花边图形上单击鼠标左键。

步骤/09 此时，衣领花边的画面效果如下图所示。

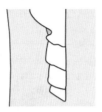

步骤/10 单击工具箱中的"钢笔工具"按钮，在花边上方绘制衬衫衣领，并设置"填充色"为淡蓝色，"轮廓色"为黑色，在属性栏中设置"轮廓宽度"为0.3mm。

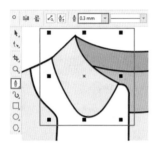

步骤/11 单击工具箱中的"选择工具"按钮，选中衬衫右侧衣领和花边的所有图形，接着使用快捷键Ctrl+G进行组合，使用快捷键Ctrl+C进行复制，使用快捷键Ctrl+V进行粘贴，然后单击属性栏中的"水平镜像"按钮。

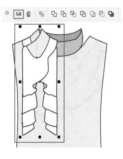

步骤/12 将其移动到画面右侧。

步骤/13 单击工具箱中的"钢笔工具"按钮，在衣领中间位置绘制连接处图形，并设置"填充色"为淡蓝色，"轮廓色"为黑色，在属性栏中设置"轮廓宽度"为0.3mm。

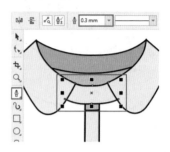

步骤/14 绘制衬衫的门襟部分。单击工具箱中的"矩形工具"按钮，在画面中绘制一个矩形。

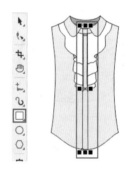

步骤/15 单击工具箱中的"属性滴管工具"按钮，接着单击衣襟前片吸取其颜色属性，然后单击门襟部分进行填充。

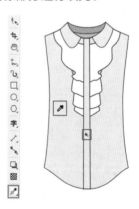

步骤/16 制作衬衫的扣眼部分。单击工具箱中的"椭圆形工具"按钮，在衬衫门襟合适位置绘制形状，并设置"填充色"为无，"轮廓

色"为黑色，在属性栏中设置"轮廓宽度"为0.2mm。

步骤/17 继续使用"椭圆形工具"，在扣眼方按住Shift键的同时拖动鼠标左键绘制一个正圆，并设置"填充色"为淡黄色，"轮廓色"为黑色，在属性栏中设置"轮廓宽度"为0.3mm。

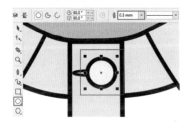

步骤/18 选中纽扣和扣眼图形，多次复制并将其摆放到合适的位置。选中这些图形组，执行"窗口>泊坞窗>对齐与分布"命令，在"对齐与分布"泊坞窗中，单击"水平居中对齐"和"垂直分散排列中心"按钮。

步骤/19 此时衬衫前片效果图制作完成。

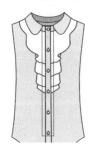

2.绘制衬衫衣袖

步骤/01 单击工具箱中的"钢笔工具"按钮，绘制右侧衣袖图形，并设置"填充色"为白色，"轮廓色"为黑色，在属性栏中设置"轮廓宽度"为0.3mm。

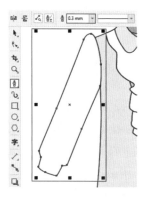

步骤/02 继续使用同样的方法绘制袖口装饰图形，并设置"填充色"为淡蓝色。

步骤/03 单击工具箱中的"选择工具"按钮，选中衬衫右侧衣袖的所有图形，接着使用快捷键Ctrl+G进行组合，使用快捷键Ctrl+C进行复制，使用快捷键Ctrl+V进行粘贴，然后单击属性栏中的"水平镜像"按钮。

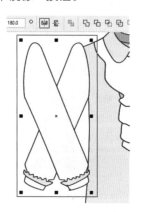

步骤/04 将其移动到画面右侧合适的位置。

3.添加缉明线和衣褶

步骤/01 绘制衬衫缉明线。单击工具箱中的"钢笔工具"按钮，在衣领上绘制一条路径，接着在调色板中设置"轮廓色"为黑色，在属性栏中设置"轮廓宽度"为0.2mm，并设置合适的虚线"线条样式"。

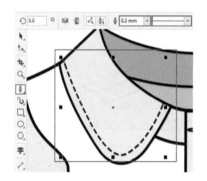

步骤/02 继续使用同样的方法绘制其他缉明线。

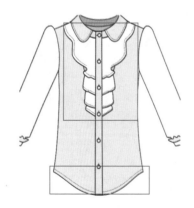

步骤/03 制作衬衫的褶皱阴影部分。单击工具箱中的"钢笔工具"按钮，在衬衫花边绘制

图形，接着将其填充为淡黄色，并在调色板中去除轮廓色。

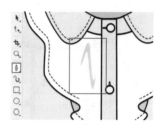

步骤/04 继续使用同样的方法绘制其他褶皱阴影。

步骤/05 制作衬衫衣褶。单击工具箱中的"钢笔工具"按钮，绘制衣褶，并设置"填充色"为无，"轮廓色"为黑色，在属性栏中设置"轮廓宽度"为0.1mm。

步骤/06 继续使用同样的方法绘制其他衣褶。

步骤/07 此时，淡蓝色雪纺衬衫效果图制作完成，接着将其复制一份并更改衬衫颜色。

步骤/08 此时甜美少女风格女士衬衫效果图制作完成。

6.3 女士条纹衬衫

6.3.1 设计思路

案例类型：

本案例是一款夏季中袖女士条纹衬衫。

设计定位：

本款女士衬衫采用贴身收腰的剪裁，使服装廓形更加立体，调整身材比例，腰间弧度流畅自然，凸显女性的曲线美。钻石领型拉长颈部线条，修饰脸型和肩颈，更显性感、迷人。肩膀的薄纱花边装饰轻盈、灵动，使服装造型更加精致，增添些许甜美感。

6.3.2 配色方案

本案例采用单色系的色彩搭配方式，以蓝色为主色，尽显纯净、清爽的气息，蓝白条纹让人联想到海洋的清凉，呈现悠闲、随性、简约的风格。

以下几幅图为类似配色方案的服装设计作品。

6.3.3 其他配色方案

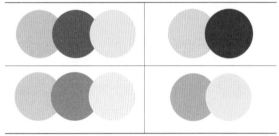

6.3.4 同类作品欣赏

6.3.5 项目实战

1.制作面料图案

步骤/01 新建一个空白文档。首先制作衬衫面料部分。单击工具箱中的"矩形工具"按钮，在画面中绘制一个矩形，然后在调色板中左击白色，设置"填充色"为白色，右击浅灰色，设置"轮廓色"为浅灰色。

步骤/02 单击工具箱中的"钢笔工具"按钮，在画面左侧位置按住Shift键的同时单击鼠标左键绘制垂直的线条。

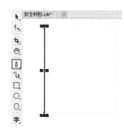

步骤/03 选中该图形，双击文档界面右下角的"轮廓笔"按钮，在弹出的"轮廓笔"对话框中设置"颜色"为蓝色，"宽度"为0.75mm，设置完成后单击OK按钮。

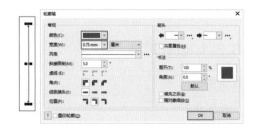

步骤/04 选中该图形,执行"编辑"→"步长和重复"命令,在弹出的"步长和重复"泊坞窗中,将"水平设置"的"间距"设置为2.5mm,"垂直设置"的"份数"设置为25,单击"应用"按钮。

步骤/05 此时,女士条纹衬衫面料效果图制作完成。将面料所有图形选中,使用快捷键Ctrl+G进行组合。

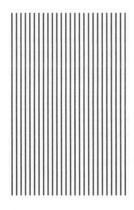

2.绘制衬衫前片

步骤/01 制作女士条纹衬衫前片的右片。单击工具箱中的"钢笔工具"按钮,在画面空白位置绘制图形,接着设置"填充色"为白色,并在属性栏中设置"轮廓宽度"为0.3mm。

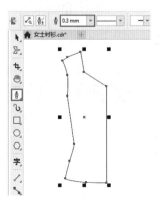

步骤/02 继续使用"钢笔工具"在前片图形上方绘制图形,并设置"填充色"为白色。

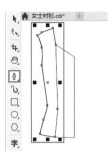

步骤/03 将面料图案复制一份。选中面料图案移动到画面的合适位置,单击工具箱中的"涂抹工具"按钮,接着在复制的图形上按照服装前片右侧的形态走向进行涂抹。

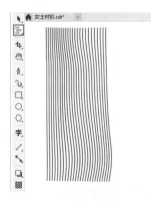

步骤/04 单击工具箱中的"选择工具"按钮,选中变形后的面料图案,单击鼠标右键,执行"PowerClip 内部"命令,接着在衬衫前片上方图形上单击。

步骤/05 选中该图形,在右侧调色板中右

击"无"，去除轮廓色。

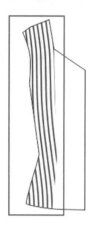

步骤/06 继续使用同样的方法为衬衫前片添加面料，此时女士衬衫正面右侧前片画面效果图制作完成。

步骤/07 选中衬衫右侧前片所有图形，接着使用快捷键Ctrl+C进行复制，使用快捷键Ctrl+V进行粘贴，然后单击属性栏中的"水平镜像"按钮。

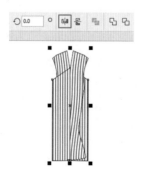

步骤/08 将图形移动到画面右侧的合适位置。

步骤/09 选中右侧前片的所有图形，单击鼠标右键，在弹出的快捷菜单中执行"顺序>向后一层"命令。

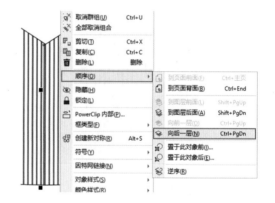

步骤/10 此时，女士衬衫前片画面效果图制作完成。

步骤/11 制作衬衫正面的衣褶。单击工具箱中的"钢笔工具"按钮，在衬衫正面前片右侧位置绘制衣褶形状，接着设置"轮廓色"为黑

色，并在属性栏中设置"轮廓宽度"为0.5mm。

步骤/12 复制该衣褶图形，翻转后摆放在画面右侧对应的位置。

步骤/13 制作衬衫底部的缉明线。单击工具箱中的"钢笔工具"按钮，在衬衫前片底部右侧绘制图形，然后设置"轮廓色"为黑色，接着在属性栏中设置"轮廓宽度"为0.2mm，并设置合适的虚线"线条样式"。

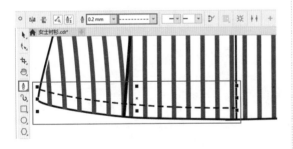

步骤/14 继续使用同样的方法绘制衬衫前片底部左侧缉明线。

步骤/15 制作衬衫扣眼。使用"钢笔工

具"在衬衫前片中间位置绘制图形，接着设置"轮廓色"为黑色，并在属性栏中设置"轮廓宽度"为0.3mm。

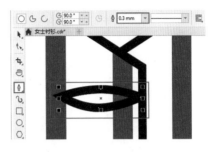

步骤/16 单击工具箱中的"椭圆工具"按钮，在扣眼上方按住Ctrl键的同时按住鼠标左键拖动绘制一个正圆，然后设置"填充色"为白色，"轮廓色"为黑色，并在属性栏中设置"轮廓宽度"为0.3mm。

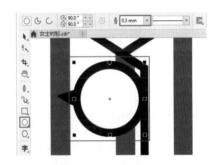

步骤/17 使用"钢笔工具"在正圆上方绘制一个"X"图形，接着将"轮廓色"设置为黑色，并在属性栏中设置"轮廓宽度"为0.3mm。选中纽扣所有图形，使用快捷键Ctrl+G进行组合。

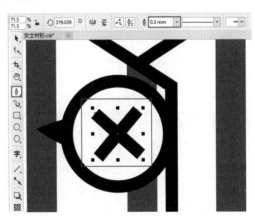

步骤/18 选中纽扣图形组，接着多次使用快捷键Ctrl+C进行复制，使用快捷键Ctrl+V进行粘贴，并移动到合适位置，然后选中所有纽扣图形组，执行"窗口>泊坞窗>对齐与分布"命令，在"对齐与分布"泊坞窗中，单击"水平居中对齐"和"垂直分散排列中心"按钮。

步骤/19 此时，纽扣图形的画面效果图制作完成。

3.绘制衬衫衣袖

步骤/01 制作衬衫右侧衣袖。单击工具箱中的"钢笔工具"按钮，在画面左侧绘制图形，设置"填充色"为白色，"轮廓色"为黑色，并在属性栏中设置"轮廓宽度"为0.3mm。

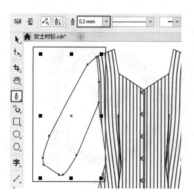

步骤/02 为衬衫右侧衣袖添加面料效果。将面料图案复制一份，并适当地旋转，单击鼠标右键，执行"PowerClip内部"命令，接着在衬衫右侧衣袖上单击。

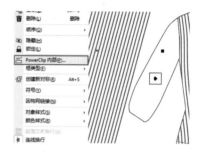

步骤/03 此时，衬衫右侧衣袖效果图制作完成。

步骤/04 制作衬衫右侧衣袖的袖口。单击工具箱中的"钢笔工具"按钮，在画面左侧衣袖下方合适位置绘制形状，设置"填充色"为白色，"轮廓色"为黑色，并在属性栏中设置"轮廓宽度"为0.3mm。

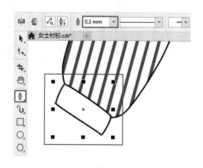

步骤/05 为衬衫右侧袖口添加面料。将面料图案复制一份，移动到画面的合适位置并进行适当的旋转，单击鼠标右键，执行"PowerClip

内部"命令，接着在衬衫的袖口部分单击。

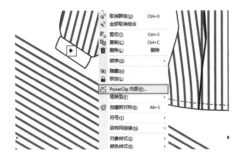

步骤/06 此时衬衫右侧袖口效果图制作完成。

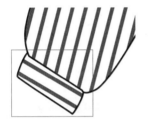

步骤/07 绘制衬衫右侧衣袖的衣褶。单击工具箱中的"钢笔工具"按钮，在衬衫袖口上方合适位置绘制衣褶，设置"轮廓色"为黑色，并在属性栏中设置"轮廓宽度"为0.3mm。

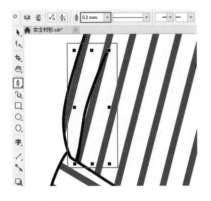

步骤/08 继续使用同样的方法制作衬衫右侧衣袖袖口的其他衣褶。

步骤/09 单击工具箱中的"钢笔工具"按钮，在衣袖和前片衔接处绘制图形，设置"填充色"为白色，"轮廓色"为灰色，并在属性栏中设置"轮廓宽度"为0.3mm。

步骤/10 选中该图形，单击工具箱中的"交互式填充工具"按钮，接着在属性栏中单击"双色图样填充"按钮，然后选择一种合适的"第一种填充色或图样"，设置"前景色"为白色，"背景色"为浅灰色，接着拖曳控制柄调整图样的大小。

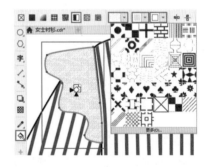

步骤/11 选中该图形，单击工具箱中的"透明度工具"按钮，接着在属性栏中单击"均匀透明度"按钮，并设置"不透明度"为60。

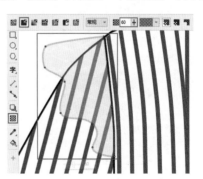

步骤/12 单击工具箱中的"选择工具"按钮，选中衬衫右侧衣袖的所有图形，接着使用快捷键Ctrl+C进行复制，使用快捷键Ctrl+V进行粘贴，然后单击属性栏中的"水平镜像"按钮。

步骤/13 将图形移动到衬衫左侧合适位置，此时女士衬衫正面效果图制作完成。选中衬衫正面所有图形，使用快捷键Ctrl+G进行组合。

4.绘制衬衫后片

步骤/01 制作衬衫后片。单击工具箱中的"钢笔工具"按钮，参考前片的形态绘制后片的图形，接着设置"填充色"为白色，并在属性栏中设置"轮廓宽度"为0.3mm。

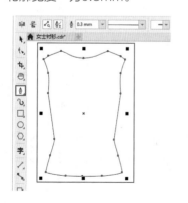

步骤/02 继续参考前片右侧的部分，使用"钢笔工具"在后片图形左侧绘制图形，并设置"填充色"为白色。

步骤/03 选中该图形，接着使用快捷键Ctrl+C进行复制，使用快捷键Ctrl+V进行粘贴，然后单击属性栏中的"水平镜像"按钮。

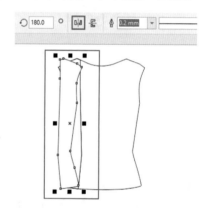

步骤/04 将图形移动到衬衫后片的右侧。

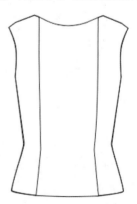

步骤/05 将面料图案复制一份，选中复制的面料图案移动到画面的合适位置，同样使用

"涂抹工具"在图形上涂抹。

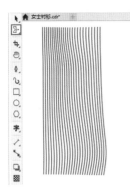

步骤/06 选中变形后的面料图案，单击鼠标右键，执行"PowerClip 内部"命令，接着单击衬衫后片左侧图形。

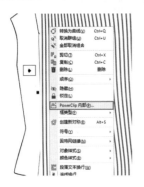

步骤/07 继续使用同样的方法为衬衫后片添加面料，此时女士衬衫后片效果图制作完成。

步骤/08 选中衬衫正面衣袖的所有图形，接着使用快捷键Ctrl+C进行复制，使用快捷键

Ctrl+V进行粘贴，然后将图形移动到衬衫背面的合适位置。

步骤/09 制作衬衫后片衣褶。单击工具箱中的"钢笔工具"按钮，在衬衫后襟左侧位置绘制衣褶，接着设置"轮廓色"为黑色，并在属性栏中设置"轮廓宽度"为0.5mm。

步骤/10 复制衬衫左侧的衣褶，翻转之后摆放到衬衫右侧，效果如下图所示。

第 7 章

针织服装款式图设计

针织服装是指用织针将纱线弯曲成圈并相互串套而形成的服装。针织服装的常见类型包括开襟针织衫、针织套头衫、针织裙、针织背心、针织裤子、针织外套，以及围巾、帽子、手套、袜子等针织服饰配件。

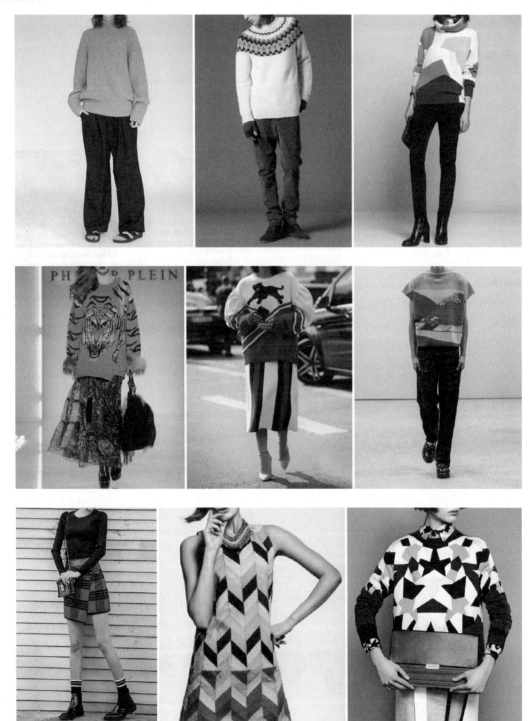

7.1 女士针织衫

7.1.1 设计思路

案例类型：

本案例是一款春季的薄款女士针织上衣。

设计定位：

本款圆领针织衫版型宽松，质地柔软，穿着舒适、轻便；罗纹袖口收紧，便于活动。圆领领口线条圆润、柔和，在逐渐回温的春季洋溢着暖意，散发出亲切、温柔的气息。适度的收腰造型凸显腰身弧度，提升了服装的时髦感，使其更适宜年轻人穿着。

7.1.2 配色方案

本案例采用同类色配色的色彩搭配方式，其中一款以卡其色为主色，扣子为颜色稍深的深卡其色；另一款则以灰调的浅蓝色为主色，形成近年来流行的"莫兰迪色系"搭配。

以下几幅图为类似配色方案的服装设计作品。

7.1.3 其他配色方案

7.1.4 同类作品欣赏

7.1.5 项目实战

1.绘制款式图线稿

步骤/01 新建一个空白文档。首先单击工具箱中的"钢笔工具"按钮，绘制针织衫领口后片图形。在调色板中设置"填充色"为灰色，"轮廓色"为黑色，并在属性栏中设置"轮廓宽度"为0.3mm。

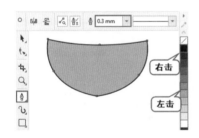

步骤/02 继续使用同样的方法绘制后领口，设置"填充色"为稍深一些的灰色。

步骤/03 单击工具箱中的"钢笔工具"按钮，在画面空白位置按住Shift键的同时单击鼠标左键绘制一条短直线，并在属性栏中设置"轮廓宽度"为0.3mm。

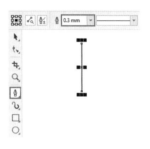

步骤/04 选中直线，执行"编辑>步长和重复"命令，在弹出的"步长和重复"泊坞窗中将"水平设置"的"间距"设置为2.5mm；"垂直设置"的"份数"设置为20，单击"应用"按钮。

步骤/05 此时，画面效果如下图所示。

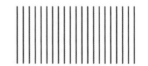

步骤/06 选中直线图形组，将其复制一份，并移动到空白区域。单击鼠标右键，执行"PowerClip 内部"命令，接着在后领口上单击。

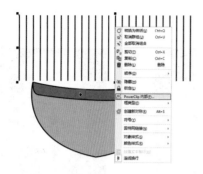

步骤/07 此时，画面效果如下图所示。

步骤/08 单击工具箱中的"钢笔工具"按钮，在衣领下方绘制前片。在调色板中设置"填充色"为白色，"轮廓色"为黑色，并在属性栏中设置"轮廓宽度"为0.3mm。

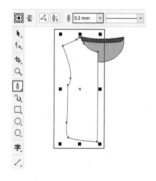

步骤/09 单击工具箱中的"选择工具"按钮，选中针织衫右前片部分，接着使用快捷键Ctrl+C进行复制，使用快捷键Ctrl+V进行粘贴，然后单击属性栏中的"水平镜像"按钮。

步骤/10 将其移动到画面的右侧。

步骤/11 单击工具箱中的"钢笔工具"按钮，在针织衫前片的右侧绘制长袖，在调色板中设置"填充色"为白色，"轮廓色"为黑色，并在属性栏中设置"轮廓宽度"为0.3mm。

步骤/12 继续使用同样的方法绘制针织衫右侧袖口。

步骤/13 选中所有直线，将其复制一份并移动到袖口下方，单击鼠标右键，执行"Power Clip 内部"命令，接着在袖口上单击。

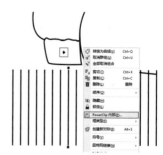

步骤/14 选中构成针织衫左侧袖子的内容，接着使用快捷键Ctrl+C进行复制，使用快捷键Ctrl+V进行粘贴，然后单击属性栏中的"水平镜像"按钮，然后移动到画面的右侧。

步骤/15 单击工具箱中的"钢笔工具"按钮，绘制针织衫前领口，在调色板中设置"填充色"为白色，"轮廓色"为黑色，并在属性栏中设置"轮廓宽度"为0.3mm。

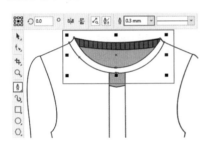

步骤/16 制作针织衫的前衣领基本图案。使用"钢笔工具"在画面空白位置按住Shift键的同时单击鼠标左键绘制一条短直线，并在属性栏中设置"轮廓宽度"为0.3mm。

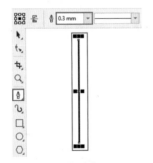

步骤/17 选中直线，执行"编辑>步长和重复"命令，在弹出的"步长和重复"泊坞窗中，将"水平设置"的"间距"设置为1.5mm，"垂直设置"的"份数"设置为40，单击"应用"按钮。

步骤/18 使用快捷键Ctrl+G进行组合。此处的线条组合将在后面多次使用，所以可以复制一份放在一侧备用。

步骤/19 选中所有直线将其复制一份并移动到画面合适位置，单击鼠标右键，执行"PowerClip 内部"命令，在前领口上单击。

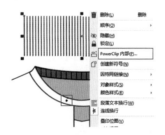

步骤/20 此时，前衣领效果图制作完成。

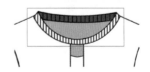

步骤/21 继续使用"钢笔工具"绘制针织衫的衫脚和门襟部分。

步骤/22 选中所有直线将其复制一份并将其适当倾斜和拉伸，然后移动到画面的合适位置。

步骤/23 单击鼠标右键，执行"PowerClip内部"命令，并在门襟上单击。

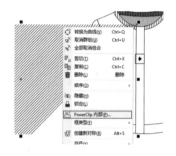

步骤/24 此时门襟效果图制作完成。

步骤/25 继续使用同样的方法为针织衫底部添加线条图案。

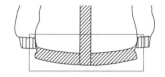

步骤/26 制作纽扣。单击工具箱中的"椭圆工具"按钮，在针织衫前片合适位置按住Ctrl键的同时按住鼠标左键拖动绘制一个正圆，在调色板中设置"填充色"为褐色，"轮廓色"为黑色，并在属性栏中设置"轮廓宽度"为0.5mm。

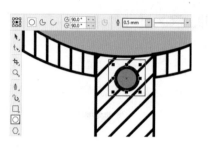

步骤/27 多次复制纽扣图形，并移动到下方。选中所有纽扣图形，执行"窗口>泊坞窗>对齐与分布"命令，在"对齐与分布"泊坞窗中，单击"水平居中对齐"和"垂直分散排列中心"按钮。

步骤/28 此时，纽扣画面效果图制作完成。

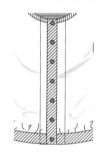

步骤/29 单击工具箱中的"钢笔工具"按钮，绘制褶皱，并在调色板中左击"无"，去除填充色，右击"黑色"，设置为"轮廓色"，并在属性栏中设置"轮廓宽度"为0.3mm。

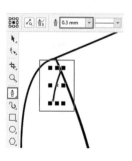

步骤/30 继续使用同样的方法绘制其他褶皱。

步骤/31 继续使用工具箱中的"钢笔工具"绘制阴影，将其填充为灰色，并在调色板中左击"无"，去除轮廓色。

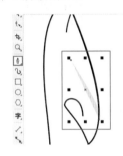

步骤/32 继续使用同样的方法绘制其他阴影。

2.制作女士针织衫效果图

步骤/01 执行"文件>导入"命令，将素材"1.jpg"导入画面中并调整其大小。

步骤/02 选中素材，并复制一层，然后单击鼠标右键，执行"PowerClip 内部"命令，并在针织衫右前片上单击。

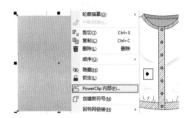

步骤/03 此时，针织衫前片画面效果图制作完成。

步骤/04 继续使用同样的方法为门襟添加针织质感，单击界面左上角"编辑"按钮。

步骤/05 选中素材，单击鼠标右键，执行"顺序>向后一层"命令，单击左上角的"完成"按钮。

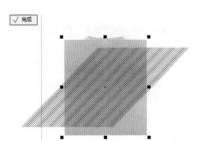

步骤/06 此时，女士针织衫前片面料效果图制作完成。

步骤/07 继续使用同样的方法为针织衫其他部位添加针织质感。

步骤/08 单击工具箱中的"钢笔工具"按钮，按照衣领下方后片的形状绘制图形，在调色板中设置"填充色"为深灰色，并去除轮廓色。

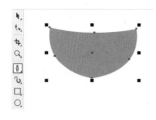

步骤/09 单击工具箱中的"透明度工具"按钮，在属性栏中单击"均匀透明"按钮，设置"透明度"为50。

步骤/10 选中该图形，单击鼠标右键，执行"顺序>向后一层"命令。

步骤/11 多次执行该命令，将其放置在前片图形的下层。

步骤/12 单击工具箱中的"钢笔工具"按钮，按照后片衣领的形状绘制图形，在调色板中设置"填充色"为深灰色，"轮廓色"为黑色，并在属性栏中设置"轮廓宽度"为0.3mm。

步骤/13 复制之前制作好的直线组合，单击鼠标右键，执行"PowerClip 内部"命令，并在后领口上单击。

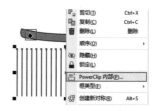

步骤/14 此时，后片衣领画面效果图制作完成。

步骤/15 选择该图形将其移动到领口后片的位置。单击工具箱中的"透明度工具"按钮，在属性栏中单击"均匀透明"按钮，设置"透明度"为50。

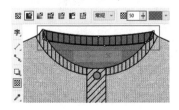

步骤/16 选中该图形，单击鼠标右键，执行"顺序>向后一层"命令，多次执行该命令。

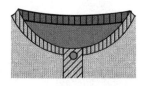

步骤/17 此时卡其色女士针织衫效果图制作完成。

步骤/18 使用同样的方法制作另一款浅蓝色女士针织衫。

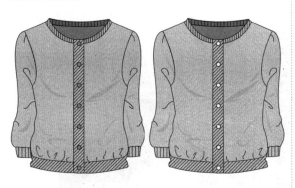

7.2 男士假两件带帽针织衫

7.2.1 设计思路

案例类型：

本案例是一款男士假两件带帽针织衫。

设计定位：

本款男士假两件带帽针织衫兼具叠穿的时髦、新潮与针织衫的端正、亲切，既日常百搭，又不失个性。十字交叉针编织出的花纹纹理清晰丰富，赋予服装层次感与立体感，提升了服装的设计感，简单的造型中细节满满，简约而时尚。

7.2.2 配色方案

本案例采用单色系同类色的色彩搭配方式，以蓝灰色为主色，稍深的深蓝灰色大面积分布在针织衫上，服装色调和谐统一，形成一种和谐的美感。针织衫袋鼠兜上的经典千鸟格花纹增添优雅、复古的韵味。

以下几幅图为类似配色方案的服装设计作品。

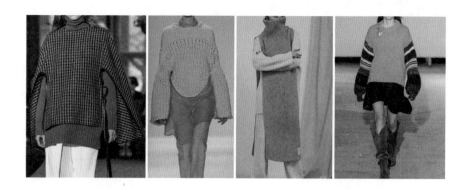

7.2.3 其他配色方案

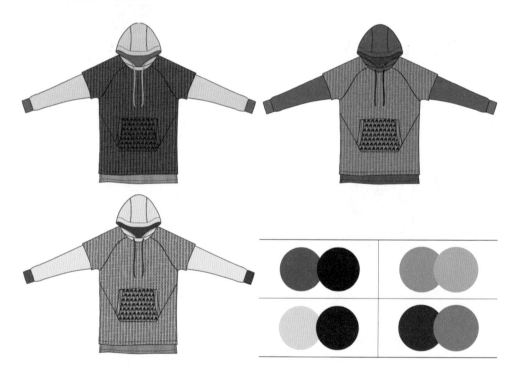

7.2.4 同类作品欣赏

7.2.5 项目实战

1.制作面料图案

步骤/01 新建一个空白文档。首先制作面料图案。单击工具箱中的"矩形工具"按钮，在画面空白位置绘制一个小矩形，并在调色板中设置"填充色"为黑色。

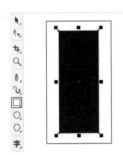

步骤/02 选中矩形图形，执行"窗口>泊坞窗>变换"命令，在弹出的"变换"泊坞窗中单击"倾斜"按钮，设置Y为30°，单击"应用"按钮。

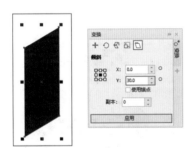

步骤/03 选中矩形图形，接着使用快捷键Ctrl+C进行复制，使用快捷键Ctrl+V进行粘贴，然后单击属性栏中的"水平镜像"按钮。

步骤/04 将矩形图形移动到右侧。

步骤/05 选中这两个图形，复制一份。同样单击"水平镜像"按钮，并向右移动。选中该图形的所有图形，使用快捷键Ctrl+G进行组合。

步骤/06 选中图形组，执行"编辑>步长和重复"命令，在弹出的"步长和重复"泊坞窗中将"水平设置"的"间距"设置为4.0mm，"垂直设置"为"无偏移"，"份数"设置为15，单击"应用"按钮。

步骤/07 选中所有图形，使用快捷键Ctrl+G进行组合。

步骤/08 选中图形组，执行"编辑>步长和重复"命令，在弹出的"步长和重复"泊坞窗中，将"水平设置"设置为"无偏移"，"垂直设置"的"间距"设置为4.0mm，"份数"设置

为10，单击"应用"按钮。

步骤/09 此时，面料图案效果图制作完成。选中所有图形，使用快捷键Ctrl+G进行组合。

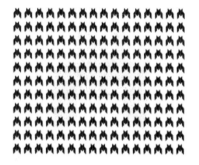

步骤/10 选中所有图形，执行"窗口>泊坞窗>变换"命令，在弹出的"变换"泊坞窗中单击"倾斜"按钮，设置X为-15°，单击"应用"按钮。

步骤/11 此时，面料图案制作完成。

2.绘制针织衫前片和衣兜

步骤/01 绘制针织衫前片。单击工具箱中的"钢笔工具"按钮，在画面空白位置绘制前片形状。在调色板中右击"黑色"，设置"轮廓色"为黑色，并在属性栏中设置"轮廓宽度"为0.3mm。

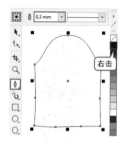

步骤/02 选中针织衫前片图形，单击工具箱中的"交互式填充工具"按钮，接着在属性栏中单击"双色图样填充"按钮，单击"第一种填充色或图样"右侧的"下拉"按钮，在弹出的下拉列表中选择一个合适的图案，并设置"前景色"为蓝灰色，"背景色"为蓝色。

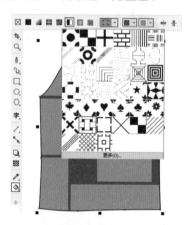

步骤/03 在图形上按住鼠标左键，拖动控制柄，调整图样的大小。

步骤/04 单击工具箱中的"钢笔工具"按钮，在针织衫前片合适位置绘制路径，在调色板中设置"轮廓色"为黑色，并在属性栏中设置"轮廓宽度"为0.3mm。

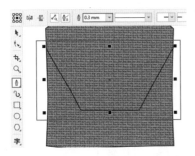

步骤/05 绘制衣兜部分。使用"钢笔工具"在针织衫前片合适位置绘制衣兜的图形，在调色板中设置"轮廓色"为黑色，并在属性栏中设置"轮廓宽度"为0.2mm。

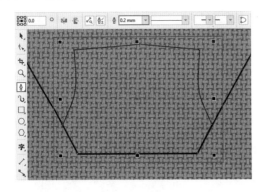

步骤/06 选中面料图案，将其复制一份并移动到合适位置，单击鼠标右键，执行"Power Clip 内部"命令，并在衣兜形状上单击。

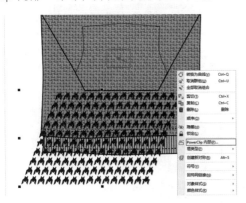

步骤/07 此时衣兜部分效果图制作完成。

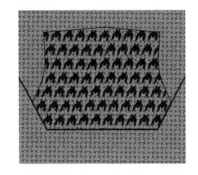

步骤/08 使用"钢笔工具"在衣兜一侧绘制边缘形状，在调色板中设置"轮廓色"为黑色，并在属性栏中设置"轮廓宽度"为0.3mm。

步骤/09 选中该图形，单击工具箱中的"交互式填充工具"按钮，接着在属性栏中单击"双色图样填充"按钮，单击"第一种填充色或图样"右侧的"下拉"按钮，在弹出的下拉列表中选择一个合适的图案，并设置"前景色"为蓝灰色，"背景色"为浅蓝灰色，然后拖动控制柄，调整图样的大小。

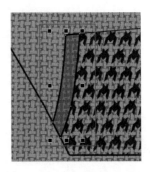

步骤/10 单击工具箱中的"选择工具"按钮，选中该图形，接着使用快捷键Ctrl+C进行复制，使用快捷键Ctrl+V进行粘贴，然后单击属性

栏中的"水平镜像"按钮。

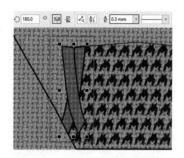

步骤/11 将图形移动到画面右侧。

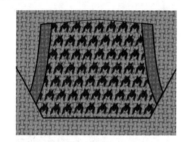

步骤/12 单击工具箱中的"钢笔工具"按钮，绘制一个细长的条状衫脚图形，并将其填充为稍浅一些的蓝色，"轮廓色"填充为黑色，在属性栏中设置"轮廓宽度"为0.3mm。

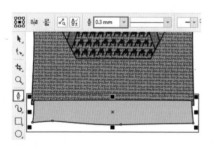

步骤/13 绘制线条组合的图案。使用"钢笔工具"在画面空白位置按住Shift键的同时单击鼠标左键绘制一条短直线，并在属性栏中设置"轮廓宽度"为0.3mm。

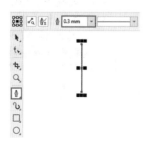

步骤/14 选中图形，执行"编辑>步长和重复"命令，在弹出的"步长和重复"泊坞窗中，将"水平设置"的"间距"设置为1.0mm，"垂直设置"的"份数"设置为80，单击"应用"按钮。

步骤/15 接着得到连续的直线图形，选中这些直线图形并且编组。

步骤/16 选中所有直线图形，单击鼠标右键，执行"PowerClip 内部"命令，并在针织衫的衫脚上单击。

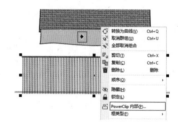

步骤/17 此时，针织衫衫脚效果图制作完成。

步骤/18 选中针织衫的衫脚，单击鼠标右键，多次执行"顺序>向后一层"命令。

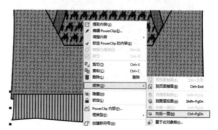

步骤/19 此时，画面效果图制作完成。

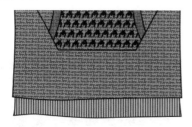

步骤/20 制作底部缉明线。单击工具箱中的"钢笔工具"按钮，在针织衫前片底部合适位置绘制一条路径，接着在调色板中设置"轮廓色"为黑色，并在属性栏中设置"轮廓宽度"为0.3mm，然后设置合适的虚线"线条样式"。

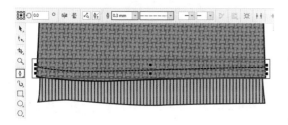

步骤/21 继续使用同样的方法绘制针织衫衫脚缉明线。

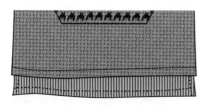

3.绘制衣袖

步骤/01 制作针织衫右侧衣袖。单击工具箱中的"钢笔工具"按钮，在前片右侧绘制衣袖形状，在调色板中右击"黑色"，设置"轮廓色"为黑色，并在属性栏中设置"轮廓宽度"为0.3mm。

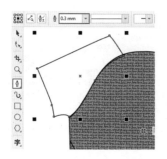

步骤/02 选中针织衫的右衣袖，单击工具箱中的"属性滴管工具"按钮，单击前片，拾取其属性，然后将光标移动到右衣袖上并单击鼠标左键，赋予其相同的属性。

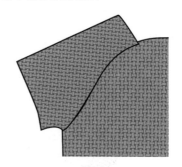

步骤/03 单击工具箱中的"钢笔工具"按钮，绘制针织衫袖子其他部分以及袖口部分，并设置"填充色"为浅蓝色，"轮廓色"为黑色，在属性栏中设置"轮廓宽度"为0.3mm。

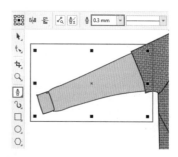

步骤/04 使用"钢笔工具"在画面空白位置单击鼠标左键绘制一条直线，并在属性栏中设置"轮廓宽度"为0.3mm。

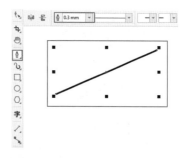

步骤/05 在选中该线条的情况下，按住鼠标左键并拖动至另一位置处，按下鼠标右键复制。多次使用"再制"快捷键Ctrl+D，快速移动

并复制得到一系列相同的线条图形。

步骤/06 选中所有直线图形，单击鼠标右键，执行"PowerClip 内部"命令，并在针织衫的袖口图形上单击。

步骤/07 单击工具箱中的"选择工具"按钮，选中针织衫右侧衣袖的所有图形，接着使用快捷键Ctrl+C进行复制，使用快捷键Ctrl+V进行粘贴，然后单击属性栏中的"水平镜像"按钮。

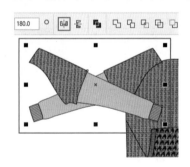

步骤/08 将图形移动到画面右侧的合适位置。

4.绘制帽子

步骤/01 制作针织衫帽子部分。单击工具箱中的"钢笔工具"按钮，在针织衫前片上方绘制图形，然后在调色板中设置"填充色"为蓝色，"轮廓色"为黑色，并在属性栏中设置"轮

廓宽度"为0.3mm。

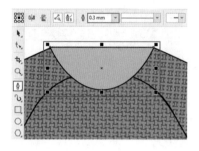

步骤/02 继续使用同样的方法绘制针织衫帽子的其他部分。

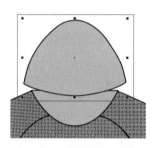

步骤/03 继续使用"钢笔工具"绘制帽子内侧的深色图形，然后在调色板中设置"填充色"为深蓝色，"轮廓色"为黑色，并在属性栏中设置"轮廓宽度"为0.3mm。

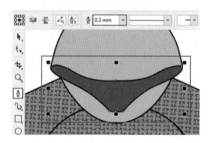

步骤/04 单击工具箱中的"钢笔工具"按钮，在针织衫帽子合适位置绘制一条路径，然后在调色板中设置"轮廓色"为黑色，并在属性栏中设置"轮廓宽度"为0.3mm。

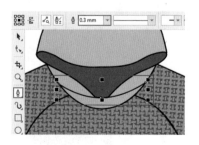

步骤/05 继续使用同样的方法绘制其他线条。

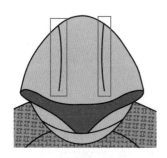

步骤/06 制作帽子缉明线。单击工具箱中的"钢笔工具"按钮，在针织衫帽子合适位置绘制一条路径，接着在调色板中设置"轮廓色"为黑色，并在属性栏中设置"轮廓宽度"为0.3mm，然后将"线条样式"设置为合适的虚线样式。

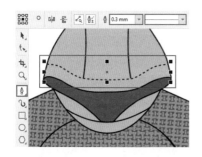

步骤/07 继续使用同样的方法绘制其他缉明线。

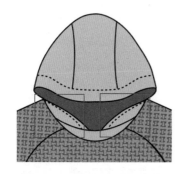

步骤/08 制作帽子上的抽绳。单击工具箱中的"椭圆形工具"按钮，在画面中按住Ctrl键的同时拖动鼠标左键绘制一个正圆，在调色板中设置"填充色"为浅灰色，"轮廓色"为深灰色，并在属性栏中设置"轮廓宽度"为0.3mm。

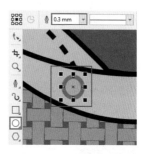

步骤/09 单击工具箱中的"钢笔工具"按钮，在画面中绘制绳子形状，接着在调色板中左击浅灰色，设置"填充色"为浅灰色，右击"无"，去除轮廓色。

步骤/10 单击工具箱中的"矩形工具"按钮，在绳子下方绘制一个矩形，在调色板中设置"填充色"为浅灰色，去除轮廓色。在属性栏中单击"圆角"按钮并设置"圆角半径"为0.2mm。

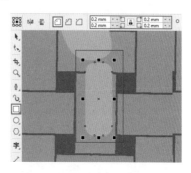

步骤/11 选中图形将其适当旋转并摆放到合适的位置。

步骤/12 单击工具箱中的"选择工具"
按钮，选中所有的绳子图形，接着使用快捷键
Ctrl+C进行复制，使用快捷键Ctrl+V进行粘贴，
然后单击属性栏中的"水平镜像"按钮。

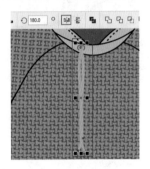

步骤/13 将其移动到画面右侧的合适
位置。

步骤/14 此时，男士假两件带帽针织衫制
作完成。

第 8 章

外套款式图设计

外套，又称大衣，是穿着于最外层的服装。按照季节不同，外套分为春款外套、夏款外套、秋款外套、冬款外套；按照长短不同，外套分为长款外套、中长款外套、常规款外套、短款外套。常见的外套类别有羽绒服外套、西装外套、皮衣外套、风衣外套、夹克外套、棉衣外套、毛呢大衣外套、皮草外套等。

8.1 男士秋冬毛呢外套

8.1.1 设计思路

案例类型:

本案例是一款英伦绅士风格的男士秋冬毛呢外套。

设计定位:

本款双排扣男士毛呢外套剪裁合体,版型挺括,H型廓形线条利落,更显身姿挺拔、气度不凡。双排扣的造型成熟、优雅,强化服装设计感,表现出儒雅、清朗的绅士风度。袖袢收紧袖口,既起到挡风保暖的作用,又丰富了服装细节,增添了些许潇洒与率性。

8.1.2 配色方案

本案例采用单色的配色方式,面料以驼色为主色,驼色沉稳、含蓄,搭配棕褐色纽扣,更具高贵、内敛的气质。这种配色方式常用于秋冬服装。结合毛呢面料的质感,给人温暖的同时,表现出男士的清朗风度。

以下几幅图为类似配色方案的服装设计作品。

8.1.3 其他配色方案

8.1.4 同类作品欣赏

8.1.5 项目实战

1.绘制外套前片

步骤/01 新建一个空白文档。单击工具箱中的"钢笔工具"按钮，绘制领口内部的图形。在调色板中左击灰色，设置"填充色"为灰色，右击黑色，设置"轮廓色"为黑色，并在属性栏中设置"轮廓宽度"为0.3mm。

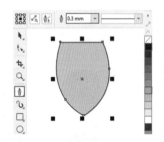

步骤/02 单击工具箱中的"艺术笔工具"按钮，在属性栏中单击"预设"按钮，选择一个

合适的"预设笔触"，然后在已有图形上方按住鼠标左键拖动绘制。

步骤/03 使用"钢笔工具"在后片上绘制路径，在调色板中设置"轮廓色"为黑色，并在属性栏中设置"轮廓宽度"为0.3mm。

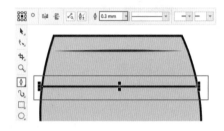

步骤/04 使用同样的方法在后片中间绘制线条。

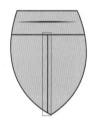

步骤/05 使用"钢笔工具"在后片一侧绘制外套右侧的前片图形。在调色板中设置"填充色"为白色，"轮廓色"为黑色，并在属性栏中设置"轮廓宽度"为0.3mm。

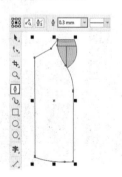

步骤/06 绘制外套右侧衣领部分。使用"钢笔工具"在领口右侧绘制衣领图形，在调色板中设置"填充色"为白色，"轮廓色"为黑色，并在属性栏中设置"轮廓宽度"为0.3mm。

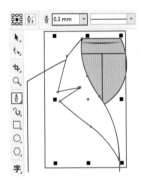

步骤/07 绘制右侧衣领缉明线。使用"钢笔工具"在右侧衣领内侧绘制路径，在调色板中设置"轮廓色"为黑色，并在属性栏中设置"轮廓宽度"为0.3mm，然后设置合适的虚线"线条样式"。

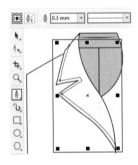

步骤/08 单击工具箱中的"选择工具"按钮，选中刚刚绘制的外套右侧图形，接着使用快捷键Ctrl+C进行复制，使用快捷键Ctrl+V进行粘贴，然后单击属性栏中的"水平镜像"按钮。

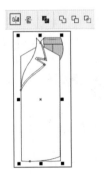

步骤/09 将水平镜像后的图形移动到画面右侧的合适位置。

步骤/10 使用"钢笔工具"在外套右肩位置绘制一条倾斜的线条，在调色板中设置"轮廓色"为黑色，并在属性栏中设置"轮廓宽度"为0.3mm。

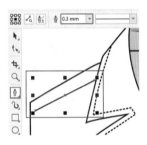

步骤/11 使用同样的方法继续绘制右侧衣领的线条。

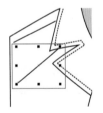

步骤/12 使用"钢笔工具"在新绘制的线条上方绘制一条路径，在调色板中设置"轮廓色"为黑色，并在属性栏中设置"轮廓宽度"为0.3mm，然后设置合适的虚线"线条样式"。

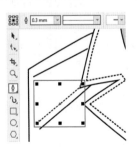

步骤/13 单击工具箱中的"选择工具"按钮，选中外套右肩所有线条，接着使用快捷键Ctrl+C进行复制，使用快捷键Ctrl+V进行粘贴，然后单击属性栏中的"水平镜像"按钮。

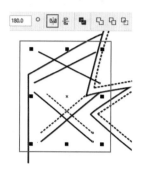

步骤/14 将水平镜像后的三条路径移动到画面右侧的合适位置。

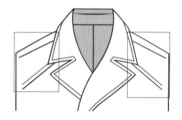

步骤/15 使用"钢笔工具"在衣服边缘位置绘制一条路径，在调色板中设置"轮廓色"为黑色，并在属性栏中设置"轮廓宽度"为0.3mm，然后设置合适的虚线"线条样式"。

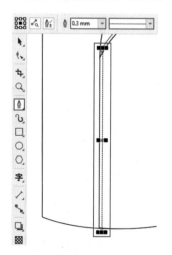

步骤/16 使用同样的方法绘制外套底部缉明线。

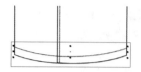

步骤/17 绘制外套衣兜。单击工具箱中的"钢笔工具"按钮，在外套前片右侧下方绘制五边形的图形，在调色板中设置"填充色"为白色，"轮廓色"为黑色，并在属性栏中设置"轮廓宽度"为0.3mm。

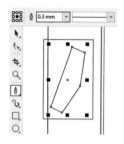

步骤/18 绘制衣兜缉明线。使用"钢笔工具"在衣兜内侧绘制一条路径，在调色板中设置"轮廓色"为黑色，并在属性栏中设置"轮廓宽度"为0.3mm，然后设置合适的虚线"线条样式"。

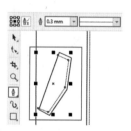

步骤/19 单击工具箱中的"选择工具"按钮，选中外套右侧衣兜的所有图形，接着使用快捷键Ctrl+C进行复制，使用快捷键Ctrl+V进行粘贴，然后单击属性栏中的"水平镜像"按钮。

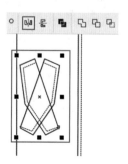

步骤/20 将图形移动到外套前片左侧的合适位置。

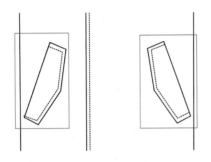

2.绘制外套衣袖

步骤/01 单击工具箱中的"钢笔工具"按钮，在外套右侧绘制衣袖形状，在调色板中设置"填充色"为白色，"轮廓色"为黑色，并在属性栏中设置"轮廓宽度"为0.3mm。

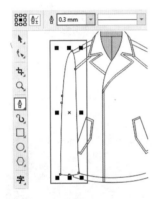

步骤/02 绘制外套右侧袖口缉明线。使用"钢笔工具"在外套右侧袖口绘制一条带有弧度的线条，在调色板中设置"轮廓色"为黑色，并在属性栏中设置"轮廓宽度"为0.3mm，然后设置合适的虚线"线条样式"。

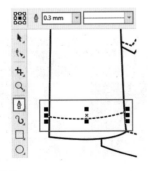

步骤/03 绘制袖祥图形。使用"钢笔工

具"在衣袖下方绘制形状，在调色板中设置"填充色"为无，"轮廓色"为黑色，并在属性栏中设置"轮廓宽度"为0.3mm。

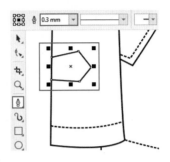

步骤/04 继续使用"钢笔工具"在袖祥图形内部绘制路径，在调色板中设置"填充色"为无，"轮廓色"为黑色，并在属性栏中设置"轮廓宽度"为0.3mm，然后设置合适的虚线"线条样式"。

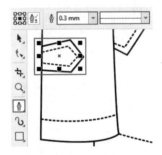

步骤/05 单击工具箱中的"选择工具"按钮，选中外套右侧衣袖所有图形，接着使用快捷键Ctrl+C进行复制，使用快捷键Ctrl+V进行粘贴，然后单击属性栏中的"水平镜像"按钮。

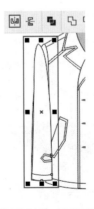

步骤/06 将图形移动到画面右侧的合适位

置，效果如下图所示。

3.添加毛呢面料

步骤/01 执行"文件>导入"命令，将素材"1.jpg"导入画面中并调整素材的大小。

步骤/02 选中素材，复制一份。然后单击鼠标右键，执行"PowerClip 内部"命令，并在外套右前片上单击。

步骤/03 此时，画面效果如下图所示。

步骤/04 继续使用同样的方法为外套其他部位添加毛呢面料。

步骤/05 绘制标签。单击工具箱中的"矩形工具"按钮，在外套领口后片合适位置绘制一个矩形，在调色板中设置"填充色"为浅灰色，并去除轮廓色。

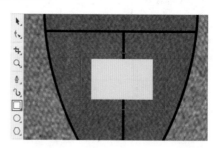

步骤/06 继续使用同样的方法绘制另一个

矩形，如下图所示。

步骤/07 绘制外套扣眼。使用"钢笔工具"在门襟处绘制图形，在调色板中设置"填充色"为无，"轮廓色"为黑色，并在属性栏中设置"轮廓宽度"为0.3mm。

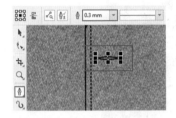

步骤/08 多次复制外套扣眼并摆放在下方。

步骤/09 执行"文件>导入"命令，将纽扣素材"2.png"导入画面中并调整素材的大小。

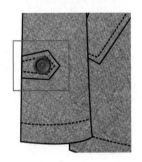

步骤/10 复制纽扣，摆放在门襟、衣兜以

及袖口处。

步骤/11 此时男士秋冬毛呢外套效果图制作完成。

8.2 女士羽绒服外套

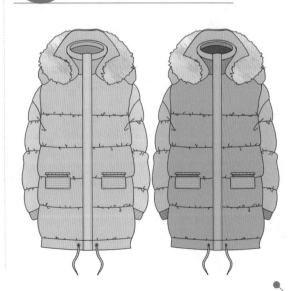

8.2.1 设计思路

案例类型：

本案例是一款冬季休闲风的女士羽绒外套。

设计定位：

本款女士羽绒服外套利用中性化的款式裁剪与宽松、轻便的H型廓形打造出休闲、简约的风格。调节下摆围度的抽绳与袖口的螺纹收口起到挡风保暖的作用。柔软、轻盈的毛领在御寒的同时又是一件装饰品，提升了服装的时尚感、质感与档次，使服装简约而不失时尚大气。

8.2.2 配色方案

本案例采用单色系同类色的色彩搭配方式，使用色调统一、明度略有不同的同类色，黄色系活力充沛，青色系更显灵动。白色毛领轻盈蓬松，洋溢着青春、鲜活的气息，服装整体色彩具有一种层次美与和谐美。

以下几幅图为类似配色方案的服装设计作品。

8.2.3 其他配色方案

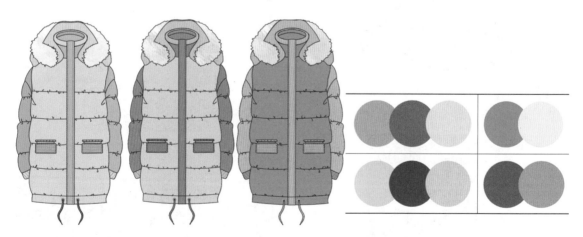

8.2.4 同类作品欣赏

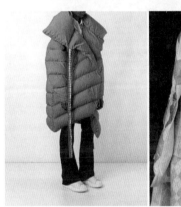

8.2.5 项目实战

1.绘制羽绒服外套的基本元素

步骤/01 新建一个空白文档。单击工具箱中的"椭圆形工具"按钮，在画面空白位置绘制一个椭圆形作为领口的外轮廓。在调色板中设置"轮廓色"为黑色，并在属性栏中设置"轮廓宽度"为0.3mm。

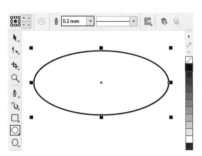

步骤/02 选中形状，单击工具箱中的"交互式填充"按钮，在属性栏中单击"均匀填充"按钮，设置"填充色"为土黄色。

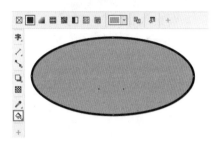

步骤/03 绘制衣领部分。单击工具箱中的"钢笔工具"按钮，在椭圆形下方位置绘制形状，然后设置"填充色"为稍浅一些的土黄色，"轮廓色"为黑色，并在属性栏中设置"轮廓宽度"为0.3mm。

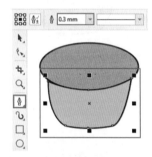

步骤/04 继续使用"钢笔工具"在顶部绘制领口边缘形状，然后设置"填充色"为黄色，"轮廓色"为黑色，并在属性栏中设置"轮廓宽度"为0.3mm。

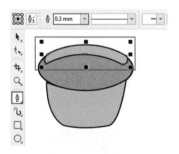

步骤/05 单击工具箱中的"椭圆形工具"按钮，在顶部绘制椭圆形，然后设置"填充色"为铬黄色，"轮廓色"为黑色，并在属性栏中设

置"轮廓宽度"为0.3mm。

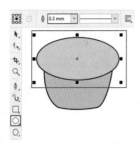

步骤/06 使用"椭圆形工具"在椭圆内绘制一个较小的椭圆，设置"轮廓色"为黑色，并在属性栏中设置"轮廓宽度"为0.3mm。

步骤/07 选中两个椭圆图形，在属性栏中单击"移除前面对象"按钮。

步骤/08 使用"钢笔工具"在合适位置绘制前片形状，然后设置"填充色"为黄色，"轮廓色"为黑色，并在属性栏中设置"轮廓宽度"为0.3mm。

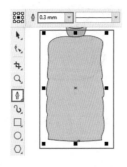

步骤/09 绘制羽绒服外套门襟部分。单击

工具箱中的"钢笔工具"按钮，在羽绒服外套合适的位置绘制细长的条状图形，然后设置"填充色"为浅黄色，"轮廓色"为黑色，并在属性栏中设置"轮廓宽度"为0.3mm。

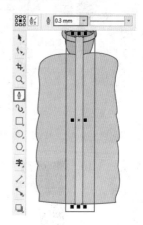

步骤/10 使用"钢笔工具"在顶部绘制帽子形状，然后设置"填充色"为浅黄色，"轮廓色"为黑色，并在属性栏中设置"轮廓宽度"为0.3mm。

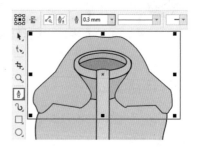

步骤/11 使用"钢笔工具"在画面空白位置按住Shift键的同时单击鼠标左键绘制一条直线，然后设置"轮廓色"为浅灰色，并在属性栏中设置"轮廓宽度"为0.2mm。

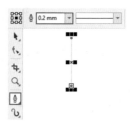

步骤/12 选中直线，执行"编辑>步长和重复"命令，在弹出的"步长和重复"泊坞窗中，将

"水平设置"的"间距"设置为1.5mm，"垂直设置"的"份数"设置为50，单击"应用"按钮。

步骤/13 此时，直线图形效果图制作完成。

步骤/14 选中所有直线图形，编组后单击鼠标右键，执行"PowerClip 内部"命令，并在羽绒服外套帽子上单击。

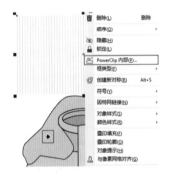

步骤/15 此时，羽绒服外套帽子画面效果图制作完成。

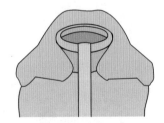

步骤/16 绘制羽绒服外套帽子毛领。使用"钢笔工具"在羽绒服外套帽子边缘绘制形状，然后设置"填充色"为白色，"轮廓色"为黑

色，并在属性栏中设置"轮廓宽度"为0.3mm。

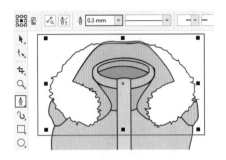

步骤/17 为毛领添加质感。执行"文件>导入"命令，将素材"1.jpg"导入到画面中并调整素材的大小。

步骤/18 选中素材，单击鼠标右键，执行"PowerClip 内部"命令，并在帽子毛领上单击。

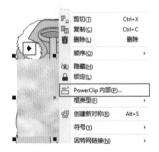

步骤/19 此时，羽绒服外套帽子毛领质感画面效果图制作完成。

步骤/20 绘制羽绒服外套袖子。使用"钢笔工具"在羽绒服外套前片右侧绘制袖子形状，

然后设置"填充色"为浅黄色，"轮廓色"为黑色，并在属性栏中设置"轮廓宽度"为0.3mm。

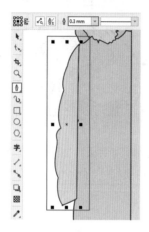

步骤／21 继续使用同样的方法绘制羽绒服外套左侧衣袖并摆放到合适的位置。

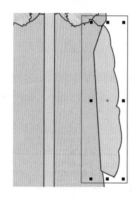

步骤／22 选中羽绒服外套两个衣袖图形，单击鼠标右键，执行"顺序>置于此对象后"命令，然后单击羽绒服外套的前片。

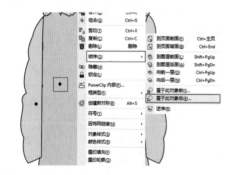

步骤／23 此时，衣袖置于羽绒服外套前片的后面。

步骤／24 绘制羽绒服外套衣袖袖口。使用"钢笔工具"在右侧衣袖的下方位置绘制形状，然后设置"填充色"为黄色，"轮廓色"为黑色，并在属性栏中设置"轮廓宽度"为0.3mm。

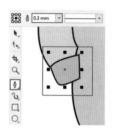

步骤／25 使用"钢笔工具"在画面空白位置按住Shift键的同时单击鼠标左键绘制一条短直线，并在属性栏中设置"轮廓宽度"为0.2mm。

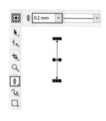

步骤／26 选中直线，执行"编辑>步长和重复"命令，在弹出的"步长和重复"泊坞窗中，将"水平设置"中的"间距"设置为2.0mm，"垂直设置"中的"份数"设置为10，单击"应用"按钮，并使用快捷键Ctrl+G进行组合。

步骤/27 双击直线组合图形，将光标移动到右上角的控制点上，按住鼠标左键拖动其适当地旋转。

步骤/28 选中所有直线图形，单击鼠标右键，执行"PowerClip 内部"命令，并在袖口上单击。

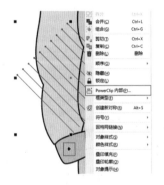

步骤/29 此时，袖口画面效果图制作完成。

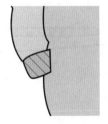

步骤/30 选中右侧袖子的全部，接着使用快捷键Ctrl+C进行复制，使用快捷键Ctrl+V进行粘贴，然后单击属性栏中的"水平镜像"按钮。

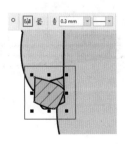

步骤/31 将图形移动到画面右侧的合适位置。

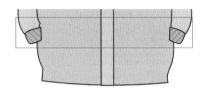

步骤/32 选中两个袖口，单击鼠标右键，执行"顺序>置于此对象后"命令，然后单击羽绒服外套的前片。

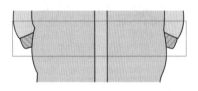

步骤/33 绘制羽绒服外套衣褶。使用"钢笔工具"在羽绒服外套前片相应位置绘制路径，然后在调色板中设置"轮廓色"为黑色，并在属性栏中设置"轮廓宽度"为0.3mm。

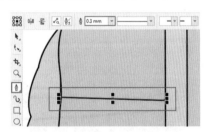

步骤/34 使用相同的方法在羽绒服外套前片与衣袖相应位置绘制衣褶。

步骤/35 继续使用"钢笔工具"绘制羽绒服外套其他褶皱。

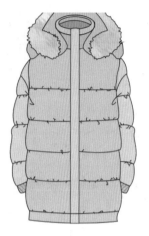

2.绘制羽绒服外套装饰元素

步骤/01 单击工具箱中的"钢笔工具"按钮，在羽绒服外套前片的左下方绘制衣兜的上边缘形状，然后设置"填充色"为黄色，"轮廓色"为黑色，并在属性栏中设置"轮廓宽度"为0.3mm。

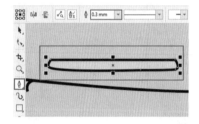

步骤/02 使用"钢笔工具"在画面空白位置按住Shift键的同时单击鼠标左键绘制一条直线，并在属性栏中设置"轮廓宽度"为0.2mm。

步骤/03 选中直线，执行"编辑>步长和重复"命令，在弹出的"步长和重复"泊坞窗中，将"水平设置"中的"间距"设置为2.0mm，

"垂直设置"中的"份数"设置为10，单击"应用"按钮。

步骤/04 此时，画面效果如下图所示。

步骤/05 选中所有直线图形，单击鼠标右键，执行"PowerClip 内部"命令，并在衣兜的上边缘上单击。

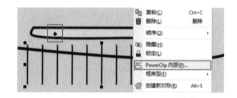

步骤/06 此时，画面效果如下图所示。

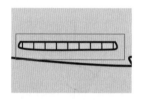

步骤/07 使用"钢笔工具"在合适位置绘制形状，然后设置"填充色"为深黄色，"轮廓色"为黑色，并在属性栏中设置"轮廓宽度"为0.3mm。

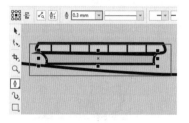

步骤/08 继续使用"钢笔工具"在下方绘

制一个浅黄色的圆角矩形图形。

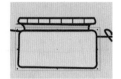

步骤/09 制作衣兜面料的纹理。使用"钢笔工具"在画面空白位置绘制一条直线，然后在调色板中设置"轮廓色"为灰色，并在属性栏中设置"轮廓宽度"为0.2mm。

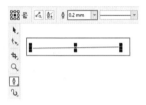

步骤/10 选中直线，执行"编辑>步长和重复"命令，在弹出的"步长和重复"泊坞窗中，将"垂直设置"中的"间距"设置为1.5mm，"份数"设置为10，单击"应用"按钮。

步骤/11 此时画面效果如下图所示。

步骤/12 选中所有直线图形，单击鼠标右键，执行"PowerClip 内部"命令，并在衣兜上单击。

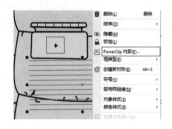

步骤/13 此时，衣兜效果如下图所示。

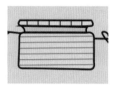

步骤/14 选中羽绒服右侧衣兜所有图形，接着使用快捷键Ctrl+C进行复制，使用快捷键Ctrl+V进行粘贴，将其移动到画面右侧的合适位置。

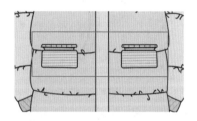

步骤/15 使用"钢笔工具"在衣兜合适位置绘制圆角的矩形图形，在调色板中设置"轮廓色"为黑色，并在属性栏中设置"轮廓宽度"为0.2mm，然后设置合适的"线条样式"。

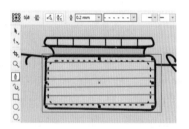

步骤/16 绘制羽绒服外套底部抽绳的绳眼。单击工具箱中的"椭圆形工具"按钮，在羽绒服外套底部边缘位置按住Ctrl键的同时按住鼠标左键拖动绘制一个正圆，设置"填充色"为褐色，"轮廓色"为黑色，并在属性栏中设置"轮廓宽度"为1.0mm。

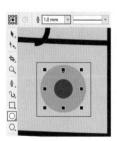

步骤/17 绘制抽绳。使用"钢笔工具"在绳眼的相应位置绘制一个条形的图形，然后设置"填充色"为黄色，"轮廓色"为黑色，并在属性栏中设置"轮廓宽度"为0.3mm。

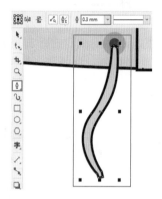

步骤/18 继续使用同样的方法绘制抽绳末端形状。

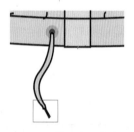

步骤/19 选中抽绳和绳眼图形，接着使用快捷键Ctrl+C进行复制，使用快捷键Ctrl+V进行粘贴，然后单击属性栏中的"水平镜像"按钮。

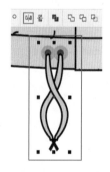

步骤/20 将水平镜像后的图形移动到画面右侧的合适位置。

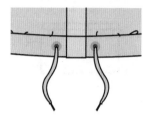

步骤/21 使用"钢笔工具"在门襟上绘制两条直线，在调色板中设置"轮廓色"为黑色，并在属性栏中设置"轮廓宽度"为0.2mm，然后设置合适的虚线"线条样式"。

步骤/22 复制黄色的羽绒服外套，更改各部分颜色，得到青色的羽绒服外套。

第 9 章

裙装款式图设计

　　裙装是指一种无裤腿的女性着装。裙装有不同的分类方法，按照其外形款式的不同，分为直裙、喇叭裙、节裙（塔裙）等；按照裙腰的位置不同，分为腰裙、无腰裙、连腰裙、低腰群、高腰裙、连衣裙等；按照裙装长短的不同，分为超短裙、短裙、及膝裙、过膝裙、中长裙、长裙、拖地长裙等。

9.1 半身裙

9.1.1 设计思路

案例类型：

本案例是一款优雅风格的女士半身裙。

设计定位：

本款高腰直筒半身裙款式简单大方，剪裁合身，裙长及膝，展现出女性端庄优雅的格调。裙腰的褶皱既凸显了纤细的腰部线条，同时打造出

立体感与层次感，增添了活泼的气息，使服装更加时髦、精致，细节感满满。

9.1.2 配色方案

本案例采用暖色调同类色的色彩搭配方式，以驼色为主色，散发成熟、稳重的气息；将博柏莉（Burberry）品牌的经典格纹元素应用到服装中，增强了服装整体的色彩层次感，简约而不失优雅的韵味。

以下几幅图为类似配色方案的服装设计作品。

9.1.3 其他配色方案

9.1.4 同类作品欣赏

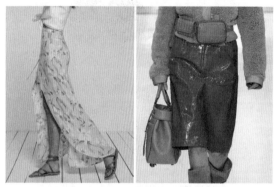

9.1.5 项目实战

1.制作半身裙面料

步骤/01 新建一个空白文档。单击工具箱中的"矩形工具"按钮，按住Ctrl键的同时按住鼠标左键拖动绘制一个正方形，接着在右侧调色板中设置"填充色"为驼色，并去除轮廓色。

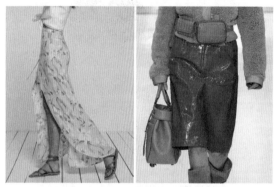

步骤/02 单击工具箱中的"矩形工具"按钮，在正方形上绘制一个细长的矩形，接着在调

色板中设置"填充色"为白色，并去除轮廓色。

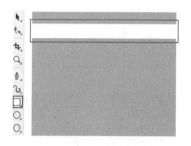

步骤/03 继续使用同样的方法绘制其他矩形，并使用快捷键Ctrl+G进行组合。

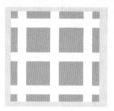

步骤/04 继续使用"矩形工具"，在画面空白位置绘制稍小的矩形图形，接着在调色板中设置"填充色"为黑色，并去除轮廓色。

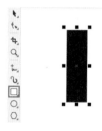

步骤/05 双击图形，将光标移动到中间控制点的位置上，拖动控制点，将图形沿水平方向进行一定角度的倾斜。

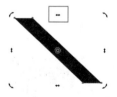

步骤/06 选中图形，执行"编辑>步长和重复"命令，在弹出的"步长和重复"泊坞窗中，将"水平设置"中的"间距"设置为3.0mm，"垂直设置"的"份数"设置为60，

单击"应用"按钮。

步骤/07 选中所有矩形，使用快捷键Ctrl+G进行组合，接着将其缩放并移动到画面合适的位置。

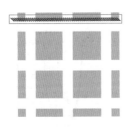

步骤/08 选中黑色图形组，多次使用快捷键Ctrl+C进行复制，使用快捷键Ctrl+V进行粘贴，复制出多组图形，并摆放到合适的位置。

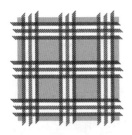

步骤/09 继续使用同样的方法绘制浅驼色和红色矩形图形，并摆放到合适的位置。

步骤/10 单击工具箱中的"矩形工具"按钮，在图案交叉的区域按住Ctrl键绘制一个小正方形，接着在调色板中设置"填充色"为黑色，

并去除轮廓色。

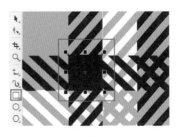

步骤/11 复制这个小正方形，并摆放在其他的交叉区域。

步骤/12 此时图案边缘有多余部分，需要隐藏。选中除正方形以外的所有部分，接着使用快捷键Ctrl+G进行组合，选中图形，单击鼠标右键，执行"PowerClip 内部"命令，并在驼色的正方形图形上单击，至此面料效果图制作完成。

步骤/13 选中面料图案，多次使用快捷键Ctrl+C进行复制，使用快捷键Ctrl+V进行粘贴，并摆放到合适的位置。然后使用快捷键Ctrl+G进行组合，并对面料整体适当缩放。

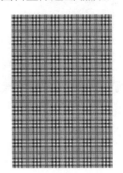

2.绘制半身裙款式图

步骤/01 单击工具箱中的"钢笔工具"按钮，绘制半身裙腰部的后片，接着在调色板中设置"轮廓色"为黑色，并在属性栏中设置"轮廓宽度"为0.5mm。

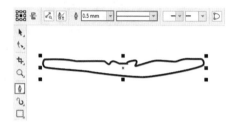

步骤/02 选中绘制的形状，单击工具箱中的"交互式填充"按钮，在属性栏中单击"均匀填充"按钮，设置"填充色"为深褐色。

步骤/03 使用"钢笔工具"在紧接着后片下方的位置绘制前片的图形，然后设置"填充色"为卡其色，"轮廓色"为黑色，并在属性栏中设置"轮廓宽度"为0.5mm。

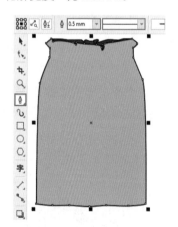

步骤/04 使用"钢笔工具"在半身裙右侧合适的位置绘制一条路径，然后设置"轮廓色"为黑色，并在属性栏中设置"轮廓宽度"为0.5mm。

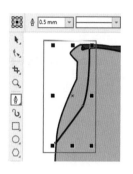

步骤/05 选中图形，接着使用快捷键Ctrl+C进行复制，使用快捷键Ctrl+V进行粘贴，然后单击属性栏中的"水平镜像"按钮。

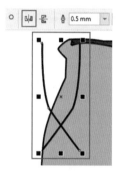

步骤/06 将该路径移动到半身裙对应的位置。

步骤/07 使用"钢笔工具"在半身裙腰部绘制腰带形状，然后设置"填充色"为卡其色，"轮廓色"为黑色，并在属性栏中设置"轮廓宽度"为0.5mm。

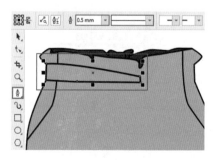

步骤/08 继续使用同样的方法绘制腰带其他部分。

步骤/09 制作腰祥带部分。使用"钢笔工具"在腰带右侧的合适位置绘制类似四边形的图形，然后设置"填充色"为卡其色，"轮廓色"为黑色，并在属性栏中设置"轮廓宽度"为0.5mm。

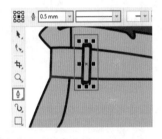

步骤/10 复制腰祥带图形，移动到画面右侧的合适位置并水平镜像。

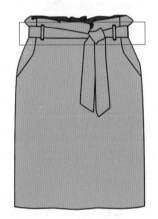

步骤/11 绘制缉明线。使用"钢笔工具"在半身裙腰带右侧的合适位置绘制一条路径，接着设置"轮廓色"为黑色，并在属性栏中设置"轮廓宽度"为0.5mm，然后设置合适的虚线"线条样式"。

步骤/12 选中刚刚绘制的缉明线，单击鼠标右键，在快捷菜单中执行"顺序>置于此对象后"命令，然后单击腰带，将缉明线置于腰带后方。

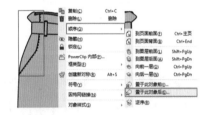

步骤/13 继续使用同样的方法绘制半身裙其他部分缉明线。

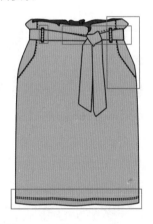

步骤/14 绘制半身裙裙褶部分。使用"钢笔工具"在半身裙腰带下方绘制图形，设置"填充色"为黑色，并去除轮廓色。

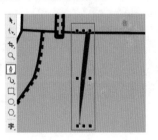

步骤/15 继续使用同样的方法绘制其他裙褶。

步骤/16 复制半身裙正面，更改部分图形，得到半身裙背面。

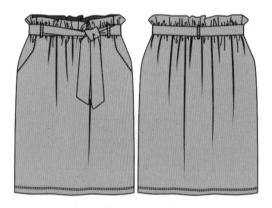

步骤/17 复制已有的两部分，接下来制作印花面料的款式图。首先将面料图案多次复制组合到一起，并适当缩放；其次选中所有面料图案，单击鼠标右键，执行"PowerClip 内部"命令；最后在半身裙正面图前片图形上单击。

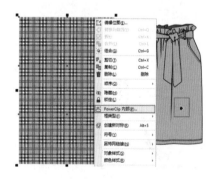

步骤/18 此时，画面效果如下图所示。

步骤/19 继续使用同样的方法制作印花面料半裙的背面。

9.2 短袖衬衫裙

9.2.1 设计思路

案例类型：

本案例是一款简约休闲风格的夏季女士短袖衬衫裙。

设计定位：

本款高腰短袖衬衫裙融合了衬衫的清爽、轻便与A字形裙的甜美、优雅。肩背贴身裁剪，版型挺括，更显人物身姿挺拔、体态优雅；A字形裙身由腰部向下逐渐放宽，外轮廓由直线变成斜线，在视觉上增加了裙身长度，拉长腿部线条，打造出人物纤细高挑的身形。白色圆形波点图案在视觉上具有扩张感，使服装造型更显蓬松、饱满，达到减龄的效果。

9.2.2 配色方案

本案例作品采用单色系的色彩搭配方式，以天蓝色为主色，表现纯净、清新的气质，白色的圆形图案作为点缀，洋溢着纯净、清爽的青春气息，此类冷色调色彩搭配方式多用于夏装设计中。

以下几幅图为类似配色方案的服装设计作品。

9.2.3 其他配色方案

9.2.4 同类作品欣赏

9.2.5 项目实战

1.绘制面料图案

步骤/01 新建一个大小合适的空白文档。

为了便于后面的绘制操作，接着使用"矩形工具"，绘制一个和画面等大的矩形，并将其填充为灰色。

步骤/02 继续使用"矩形工具"，绘制一个作为面料底色的矩形。

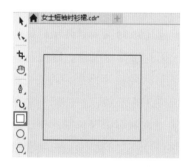

步骤/03 选中该矩形，单击工具箱中的"交互式填充工具"按钮，接着在属性栏中单击"均匀填充"按钮，设置"填充色"为天蓝色，然后在右侧调色板中右击"无"，去除轮廓色。

步骤/04 单击工具箱中的"椭圆形工具"按钮，在画面的空白位置按住Ctrl键的同时按住鼠标左键并拖动，绘制出一个正圆，接着在右侧调色板中设置"填充色"为白色，右击"无"，去除轮廓色。

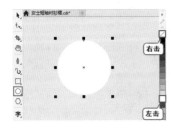

步骤/05 继续使用同样的方法在画面绘制其他正圆，选中所有正圆图形使用快捷键Ctrl+G进行组合。

步骤/06 选中所有正圆图形，将其移动到蓝色矩形附近，接着单击鼠标右键，执行"PowerClip 内部"命令，并在面料背景上单击。

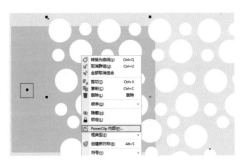

步骤/07 此时，面料图案制作完成。

2.绘制衬衫裙正面

步骤/01 使用"钢笔工具"在画面空白位置绘制后衣领图形，接着在属性栏中设置"轮廓宽度"为0.3mm。

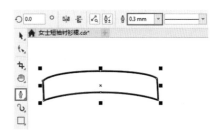

步骤/02 选中该图形，单击工具箱中的"交互式填充工具"按钮，接着在属性栏中单击"均匀填充"按钮，然后设置"填充色"为深蓝色。

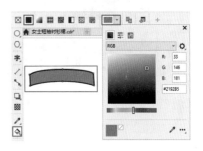

步骤/03 继续使用同样的方法在衣领下方绘制后片图形。

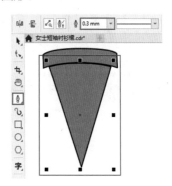

步骤/04 绘制衬衫裙的右前片。使用"钢笔工具"绘制右前片图形，接着在属性栏中设置"轮廓宽度"为0.3mm。

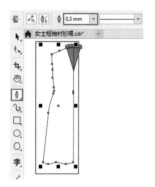

步骤/05 选中该图形，单击工具箱中的"交互式填充工具"按钮，接着在属性栏中单击"均匀填充"按钮，然后设置"填充色"为蓝色。

步骤/06 选中右前片图形，单击鼠标右键，在弹出的快捷菜单中多次执行"顺序>向后一层"命令。

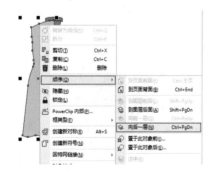

步骤/07 此时衬衫裙右前片的画面效果如下图所示。

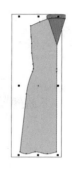

步骤/08 将面料图案复制一份，并移动到画面的合适位置，接着单击鼠标右键，执行"PowerClip 内部"命令，然后在衬衫裙右前片图形上进行单击。

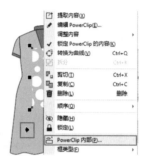

步骤/09 选中衬衫裙右前片图形，单击界面左上方的"编辑"按钮。

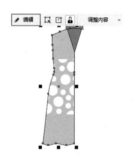

步骤/10 选中面料图案，调整图案位置及大小，接着单击"完成"按钮。

步骤/11 绘制右前片的腰带部分。继续使用"钢笔工具"在衬衫裙右前片的合适位置绘制腰带图形,接着设置"填充色"为蓝色,"轮廓色"为黑色,并在属性栏中设置"轮廓宽度"为0.3mm。

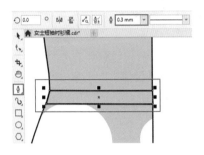

步骤/12 使用"钢笔工具"在腰带上方绘制一条路径,并在属性栏中设置"轮廓宽度"为0.3mm。

步骤/13 绘制右前片的衣褶部分。使用"钢笔工具"在腰带下方绘制图形。

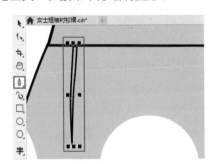

步骤/14 选中该衣褶图形,双击文档界面下方的"编辑填充"按钮,在弹出的"编辑填充"对话框中,单击"渐变填充"按钮,选择类型为"线性渐变填充",设置"填充色"为深蓝色到黑色的渐变,接着设置黑色节点的

"透明度"为80%。

步骤/15 在调色板中右击"无",去除轮廓色。

步骤/16 继续使用同样的方法在腰带下方绘制其他衣褶。

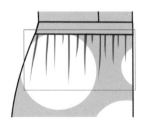

步骤/17 使用"钢笔工具"在裙摆的合适位置绘制一个较为细长的条状图形。

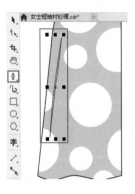

步骤/18 选中该图形,单击工具箱中的

"交互式填充工具"按钮，接着在属性栏中单击"均匀填充"按钮，然后设置"填充色"为蓝灰色。

步骤/19 选中衣褶图形，单击工具箱中的"透明度工具"按钮，接着在属性栏中设置"合并模式"为乘。

步骤/20 继续使用同样的方法绘制裙摆的其他衣褶。

步骤/21 绘制衬衫裙右前片的缉明线。单击工具箱中的"钢笔工具"按钮，在衬衫裙右前片下方的合适位置绘制路径，接着在属性栏中设置"轮廓宽度"为0.2mm，并设置一个合适的虚线"线条样式"。

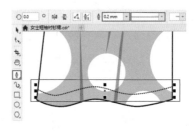

步骤/22 绘制衬衫裙右衣袖。使用"钢笔工具"在衬衫裙右前片的位置绘制形状，接着在属性栏中设置"轮廓宽度"为0.3mm。

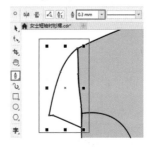

步骤/23 选中该图形，单击工具箱中的"交互式填充工具"按钮，接着在属性栏中单击"均匀填充"按钮，然后设置"填充色"为蓝色。

步骤/24 绘制衬衫裙右衣袖的袖口。继续使用钢笔工具在右衣袖下方绘制图形，接着设置"填充色"为深蓝色，"轮廓色"为黑色，并在属性栏中设置"轮廓宽度"为0.3mm。

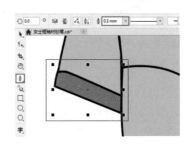

步骤/25 选中衬衫裙右侧的所有图形，接着使用快捷键Ctrl+C进行复制，使用快捷键Ctrl+V进行粘贴，然后单击属性栏中的"水平镜像"按钮。

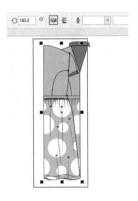

步骤/26 将图形移动到画面右侧的合适位置。

步骤/27 绘制前衣领部分。使用"钢笔工具"绘制衬衫裙左侧衣领形状，接着在属性栏中设置"轮廓宽度"为0.3mm。

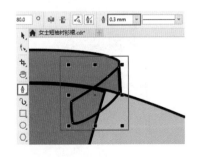

步骤/28 选中该图形，单击工具箱中的

"交互式填充工具"按钮，接着在属性栏中单击"均匀填充"按钮，然后设置"填充色"为蓝色。

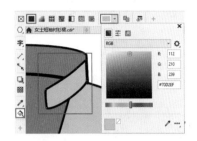

步骤/29 继续使用"钢笔工具"在衣领前片下方绘制门襟图形，接着设置"填充色"为蓝色，"轮廓色"为黑色，并在属性栏中设置"轮廓宽度"为0.3mm。

步骤/30 选中衬衫裙门襟图形，单击鼠标右键，在弹出的快捷菜单中执行"顺序>向后一层"命令。

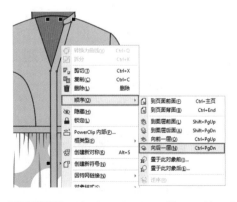

步骤/31 此时，衬衫裙门襟画面效果如下图所示。

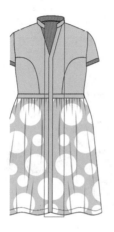

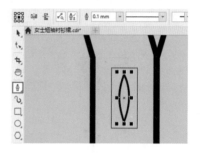

在门襟的合适位置绘制图形，接着设置"轮廓色"为黑色，并在属性栏中设置"轮廓宽度"为0.1mm。

步骤/32 选中衬衫裙前衣领和门襟图形，接着使用快捷键Ctrl+C进行复制，使用快捷键Ctrl+V进行粘贴，然后单击属性栏中的"水平镜像"按钮。

步骤/33 将图形移动到画面的左侧，此时，衬衫裙衣领和门襟画面效果图制作完成。

步骤/34 绘制扣眼。使用"钢笔工具"

步骤/35 绘制纽扣。单击工具箱中的"椭圆工具"按钮，在扣眼上方按住Ctrl键的同时，按住鼠标左键并拖动，绘制一个正圆，接着设置"填充色"为深蓝色，"轮廓色"为黑色，并在属性栏中设置"轮廓宽度"为0.2mm，然后选中两个图形使用快捷键Ctrl+G进行组合。

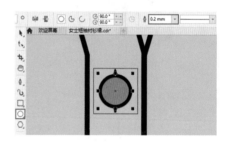

步骤/36 选中扣子图形组，接着多次使用快捷键Ctrl+C进行复制，使用快捷键Ctrl+V进行粘贴，并摆放到门襟的合适位置。此时女士短袖衬衫裙的正面效果图制作完成。

3.绘制衬衫裙背面

步骤/01 使用"钢笔工具"参考前片衣领的形态，绘制后衣领图形，接着设置"填充色"为蓝色，"轮廓色"为黑色，并在属性栏中设置"轮廓宽度"为0.3mm。

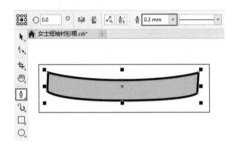

步骤/02 继续使用"钢笔工具"，参考前片的形态，在后衣领下方绘制后片图形，接着设置"填充色"为蓝色，"轮廓色"为黑色，并在属性栏中设置"轮廓宽度"为0.3mm。

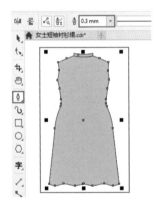

步骤/03 将面料图案复制一份移动到画面的合适位置，单击鼠标右键，执行"PowerClip内部"命令，接着在衬衫裙的后片图形上单击。

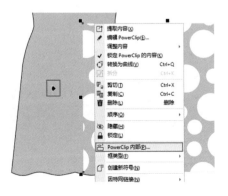

步骤/04 调整面料位置。

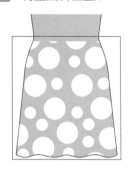

步骤/05 使用"钢笔工具"在衬衫裙后片的中间位置绘制腰带图形，接着设置"填充色"为蓝色，"轮廓色"为黑色，并在属性栏中设置"轮廓宽度"为0.3mm。

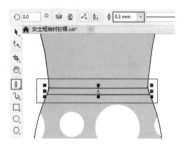

步骤/06 单击工具箱中的"2点线工具"按钮，在短袖衬衫裙后片的合适位置按住Ctrl键的同时按住鼠标左键并拖动，绘制衔接线，接着在属性栏中设置"轮廓宽度"为0.3mm。

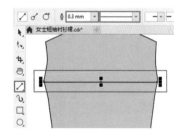

步骤/07 继续使用同样的方法在腰带上方的区域绘制其他衔接线。

步骤/08 选中衬衫裙正面衣袖的所有图形，接着使用快捷键Ctrl+C进行复制，使用快捷键Ctrl+V进行粘贴，然后将图形移动到衬衫裙背面的合适位置。

步骤/09 将衬衫裙正面的裙褶、阴影以及底部缉明线复制到背面。

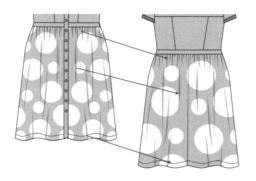

步骤/10 至此，女士短袖衬衫裙效果图制作完成。

第 10 章

裤装款式图设计

　　裤装是指穿着在腰部以下的服装，多由一个裤腰、两条裤腿缝纫而成。按照裤型划分，裤装主要包括羊绒裤、牛仔裤、休闲裤、西裤、打底裤、裙裤、紧身裤、工装裤、背带裤、哈伦裤、内裤等；按照长短不同划分，裤装主要包括超短裤、短裤、七分裤、九分裤、长裤；按照裤腿不同划分，裤装主要包括直筒裤、喇叭裤、铅笔裤、灯笼裤、阔腿裤。

10.1 女士阔腿九分裤

10.1.1 设计思路

案例类型：

本案例是一款秋冬季节的OL风格的女士阔腿九分裤。

设计定位：

本款女士阔腿九分裤裤筒宽阔、挺直，提高了腰线的位置，修饰身形，具有视觉增高的作用；九分裤恰当地露出脚踝，更显女士高挑纤瘦。裤脚挽起拉伸了裤筒，使阔腿裤的悬垂感更加明显，廓形更加挺括有型。窗格纹图案线条干净、简单，在简约中彰显女士知性与优雅。

10.1.2 配色方案

本案例两款女裤的配色虽然明度有区别，但均采用邻近色的色彩搭配方式，以灰色为主色，表现优雅、内敛、干练的气质，通过窗格纹图案的点缀，避免了纯色的单调，此类饱和度较低的搭配方式多用于秋冬季节的服装。

以下几幅图为类似配色方案的服装设计作品。

10.1.3 其他配色方案

10.1.4 同类作品欣赏

10.1.5 项目实战

1.制作单色女裤款式图

步骤/01 新建一个空白文档。单击工具箱中的"钢笔工具"按钮，绘制裤腰处的后片图形。在调色板中设置"填充色"为深灰色，"轮廓色"为黑色，并在属性栏中设置"轮廓宽度"为0.3mm。

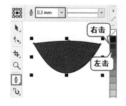

步骤/02 绘制女士阔腿九分裤的前片部分。使用"钢笔工具"绘制裤子的基本形状。然后设置"填充色"为灰色，"轮廓色"为黑色，在属性栏中设置"轮廓宽度"为0.5mm。

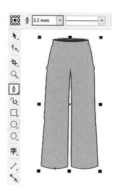

步骤/03 使用"钢笔工具"在裤腰位置绘制形状，然后设置"轮廓色"为黑色，并在属性栏中设置"轮廓宽度"为0.3mm。

步骤/04 绘制裤腰的缉明线。单击工具箱中的"钢笔工具"按钮，在裤腰的上方边缘位置绘制路径。在调色板中设置"轮廓色"为黑色，并在属性栏中设置"轮廓宽度"为0.1mm，然后设置合适的虚线"线条样式"。

步骤/05 复制上方的缉明线，移动到下方。

步骤/06 使用"钢笔工具"在门襟处绘制一条直线，然后设置"轮廓色"为黑色，并在属性栏中设置"轮廓宽度"为0.3mm。

步骤/07 使用"钢笔工具"在合适的位置绘制门襟路径，然后在调色板中设置"轮廓色"为黑色，并在属性栏中设置"轮廓宽度"为0.3mm。

步骤/08 绘制门襟的缉明线。使用"钢笔工具"在门襟内侧绘制路径。在调色板中设置"轮廓色"为黑色，并在属性栏中设置"轮廓宽度"为0.1mm，然后设置合适的虚线"线条样式"。

步骤/09 绘制右裤兜部分。使用"钢笔工具"在右裤兜位置绘制线条，然后设置"轮廓色"为黑色，并在属性栏中设置"轮廓宽度"为0.3mm。

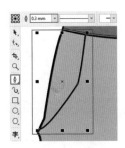

步骤/10 绘制右裤兜缉明线。按照衣兜线条绘制另外一个线条。在调色板中设置"轮廓色"为黑色，并在属性栏中设置"轮廓宽度"为0.1mm，然后设置合适的虚线"线条样式"。

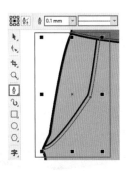

步骤/11 选中裤兜所有图形，接着使用快捷键Ctrl+C进行复制，使用快捷键Ctrl+V进行粘贴，然后单击属性栏中的"水平镜像"按钮。

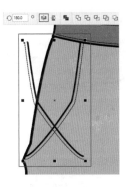

步骤/12 将图形移动到画面右侧的合适位置。

步骤/13 绘制裤脚部分。使用"钢笔工具"在裤腿下方绘制图形，然后在调色板中设置"填充色"为深灰色，设置"轮廓色"为黑色，并在属性栏中设置"轮廓宽度"为0.3mm。

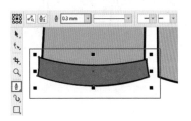

步骤/14 绘制裤脚的缉明线。使用"钢笔工具"在裤脚边缘位置绘制线条。在调色板中设置"轮廓色"为黑色，并在属性栏中设置"轮廓宽度"为0.1mm，然后设置合适的虚线"线条样式"。

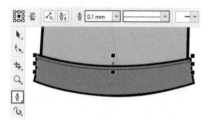

步骤/15 继续使用同样的方法绘制裤脚下方的缉明线。

步骤/16 选中右侧裤脚的所有图形，接着使用快捷键Ctrl+C进行复制，使用快捷键Ctrl+V进行粘贴，然后将图形移动到左侧裤腿。

步骤/17 制作裤褶部分。使用"钢笔工具"在右侧裤腿绘制形状，然后设置"填充色"为黑色，并去除轮廓色。

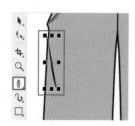

步骤/18 继续使用同样的方法绘制其他裤褶。

步骤/19 选中所有图形，使用快捷键Ctrl+G进行组合。在图形组选中状态下，接着使用快捷键Ctrl+C进行复制，使用快捷键Ctrl+V进行粘贴，然后将其移动到画面右侧的合适位置，并更改裤腰和裤脚的填充色。

2.制作印花面料女裤款式图

步骤/01 单击工具箱中的"矩形工具"按钮，在画面空白位置绘制一个矩形，接着在调色板中设置"填充色"为灰色，并去除轮廓色。

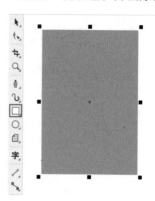

步骤/02 单击工具箱中的"图纸工具"按钮，在属性栏中设置"列数"为20，"行数"为20，绘制与灰色矩形大小接近的网格图形。在属性栏中设置"轮廓宽度"为0.5mm，"轮廓色"为灰色。

步骤/03 复制出另外两个网格，更改为合适的颜色，错位摆放。选中这几个网格，使用快捷键Ctrl+G进行组合。

步骤/04 选中网格图形组，将其复制一份。单击鼠标右键，执行"PowerClip 内部"命令，并在灰色矩形上单击。

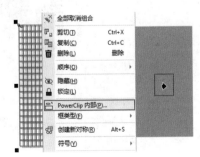

步骤/05 此时深灰色面料效果图制作完成。

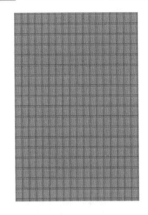

步骤/06 选中深灰色印花面料图形，复制一份，并更改各部分颜色，得到浅色印花面料。

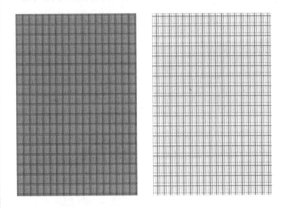

步骤/07 选中深灰色的面料图形，单击鼠标右键，执行"PowerClip 内部"命令，并在前片图形上单击。

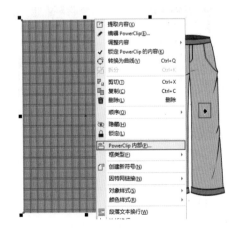

步骤/08 此时深灰色女士阔腿九分裤效果

图制作完成。

步骤/09 继续使用同样的方法制作浅灰色的女士阔腿九分裤。

10.2 男士休闲短裤

10.2.1 设计思路

案例类型：

本案例是一款运动休闲风格的男士休闲短裤。

设计定位：

本款男士休闲短裤廓形宽松，裤脚收紧，便于活动，长度覆盖膝盖。裤腰的抽绳设计便于调整合适的腰围，穿着舒适、简便。迷彩图案的应用融入了欧美的嘻哈元素，散发出男士青春、鲜活的气息。

10.2.2 配色方案

本案例的男士休闲短裤分为驼色和迷彩两款。驼色款采用同一色系的色彩，简洁大方，表现休闲、随性的气质，也是男士服装中常见的颜色之一；迷彩款采用灰色和青灰色搭配，展现出男士率性、不羁的独特品味。

以下几幅图为类似配色方案的服装设计作品。

 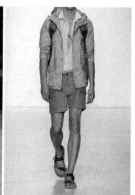

10.2.3 其他配色方案

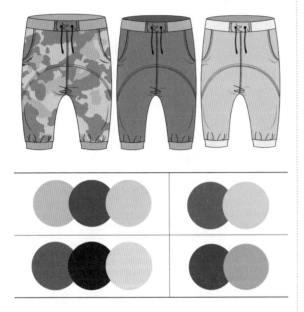

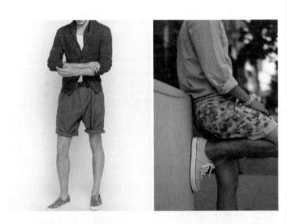

10.2.4 同类作品欣赏

10.2.5 项目实战

1.制作迷彩图案面料

步骤/01 新建一个空白文档。单击工具箱中的"矩形工具"按钮，在画面空白位置绘制一个矩形，并在右侧调色板中左击灰色，设置"填充色"为灰色，右击"无"，去除轮廓色。

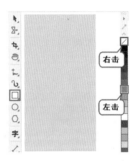

步骤/02 单击工具箱中的"椭圆形工具"按钮，在画面的左上角位置绘制一个椭圆。

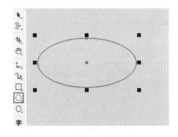

步骤/03 选中该椭圆，单击工具箱中的"交互式填充工具"按钮，在属性栏中单击"均匀填充"按钮，设置"填充色"为青灰色，然后在右侧调色板中右击"无"，去除轮廓色。

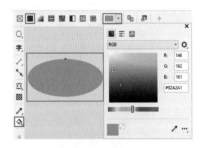

步骤/04 选中椭圆图形，单击工具箱中的"涂抹工具"按钮，在"属性栏"中设置合适的画笔大小，然后在椭圆上随意涂抹，使图形

变形。

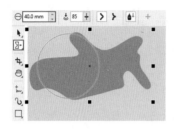

步骤/05 继续使用"涂抹工具"，更改不同的画笔大小，继续涂抹，可以得到迷彩面料图形中的一部分元素。

步骤/06 使用同样的方法可以制作大量不规则的图形，将这些图形组合在一起。

步骤/07 可以将其中部分元素复制，并更改颜色，摆放到画面合适的位置。选中这些不规则图形，使用"裁剪工具"进行裁剪，得到规则的边缘。

步骤/08 使用快捷键Ctrl+G进行组合。至此，迷彩图案面料效果图制作完成。

2.绘制短裤款式图

步骤/01 单击工具箱中的"椭圆形工具"按钮，绘制一个细长的椭圆图形，然后在调色板中设置"轮廓色"为黑色，并在属性栏中设置"轮廓宽度"为0.3mm。

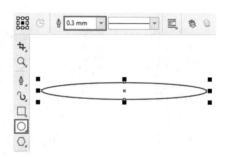

步骤/02 选中绘制的形状，单击工具箱中的"交互式填充"按钮，在属性栏中单击"均匀填充"按钮，设置"填充色"为深棕色。

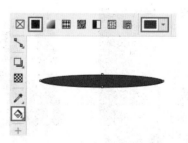

步骤/03 绘制短裤前片部分。使用"钢笔工具"在椭圆形下方绘制短裤形状，然后设置"填充色"为驼色，"轮廓色"为黑色，并在属

性栏中设置"轮廓宽度"为0.3mm。

步骤/04 绘制短裤裤脚部分。使用"钢笔工具"在右裤腿下方绘制形状，然后设置"填充色"为浅驼色，"轮廓色"为黑色，并在属性栏中设置"轮廓宽度"为0.3mm。

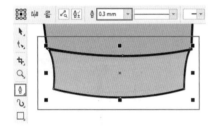

步骤/05 复制右侧裤脚，移动到画面右侧，并单击属性栏中的"水平镜像"按钮。

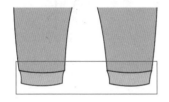

步骤/06 绘制短裤裤腰部分。使用"钢笔工具"在前片上方绘制形状，然后设置"填充色"为深驼色，"轮廓色"为黑色，并在属性栏中设置"轮廓宽度"为0.3mm。

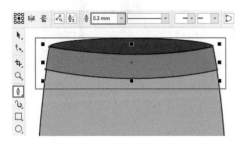

步骤/07 使用"钢笔工具"在裤腰的中间位置绘制形状，然后设置"填充色"为浅驼色，"轮廓色"为黑色，并在属性栏中设置"轮廓宽度"为0.3mm。

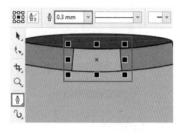

步骤/08 使用"钢笔工具"在两个裤腿的中间位置绘制线条，然后设置"轮廓色"为黑色，并在属性栏中设置"轮廓宽度"为0.3mm。

步骤/09 继续使用"钢笔工具"在短裤右侧绘制衔接线条和裤兜线条。

步骤/10 选中绘制的线条，接着使用快捷键Ctrl+C进行复制，使用快捷键Ctrl+V进行粘贴，然后单击属性栏中的"水平镜像"按钮。

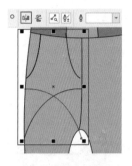

步骤/11 将图形移动到短裤左侧。

步骤/12 使用"钢笔工具"在短裤右侧裤兜边缘位置绘制一条路径，接着设置"轮廓色"为黑色，并在属性栏中设置"轮廓宽度"为0.25mm，然后设置合适的虚线"线条样式"。

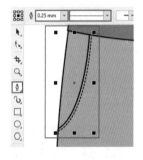

步骤/13 继续使用同样的方法绘制短裤其他位置的缉明线。

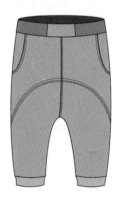

步骤/14 绘制抽绳的绳眼。单击工具箱中的"椭圆形工具"按钮，在裤腰的合适位置按住Ctrl键的同时按住鼠标左键拖动，绘制出一个正圆，设置"填充色"为黑色，并去除轮廓色。

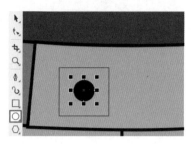

步骤/15 使用"钢笔工具"在绳眼的位置绘制一个细长的条形图形，然后设置"填充色"为深驼色，"轮廓色"为黑色，并在属性栏中设置"轮廓宽度"为0.3mm。

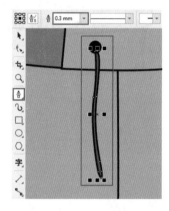

步骤/16 单击工具箱中的"矩形工具"按钮，在抽绳末端的位置绘制一个稍小的矩形，设置"填充色"为黑色，并去除轮廓色。

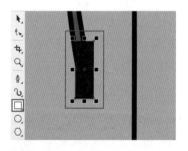

步骤/17 选中矩形图形，在属性栏中单击"圆角"按钮，设置"圆角半径"为1.0mm，将矩形适当旋转。

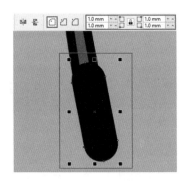

步骤/18 选中绘制的所有抽绳图形，接着使用快捷键Ctrl+C进行复制，使用快捷键Ctrl+V进行粘贴，然后将图形移动到合适的位置。

步骤/19 绘制短裤裤褶部分。使用"钢笔工具"在短裤裆部绘制一条弯曲的路径，然后设置"轮廓色"为黑色，并在属性栏中设置"轮廓宽度"为0.3mm。

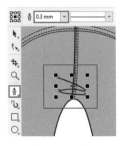

步骤/20 继续使用"钢笔工具"在裤腰和裤脚的合适位置绘制裤褶。

步骤/21 使用"钢笔工具"在裤兜的下方位置绘制形状，然后设置"填充色"为深驼色，并去除轮廓色。

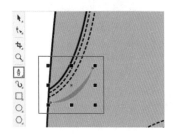

步骤/22 继续使用同样的方法绘制其他裤褶，至此驼色男士休闲短裤制作完成。

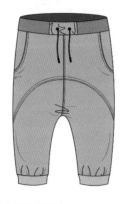

3.制作图案面料短裤

步骤/01 选中驼色男士休闲短裤的所有图形，接着使用快捷键Ctrl+C进行复制，使用快捷键Ctrl+V进行粘贴，然后移动到画面的右侧。

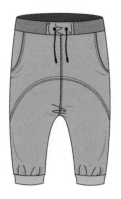

步骤/02 更改右侧短裤的后片、裤腰和裤脚的"填充色"为蓝灰色。

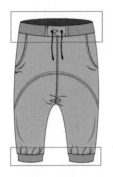

步骤/04 至此，男士休闲短裤效果图制作完成。

步骤/03 选中面料图形，单击鼠标右键，执行"PowerClip 内部"命令，并在短裤前片图形上单击。

第 11 章

婚纱礼服款式图设计

礼服是指在庄重的场合或举行仪式时穿着的服装，如婚礼、典礼或晚间正式聚会等。女士的礼服以裙装为基本款式。礼服的种类很多，常见的有婚纱、晚礼服、小礼服、裙套装礼服等。根据款式不同，其主要分为直身礼服、A型礼服、鱼尾裙礼服、拖尾裙礼服、短款礼服、齐地礼服、蓬蓬裙型礼服、连身礼服、吊带礼服、抹胸礼服、公主型礼服、高腰线型礼服等。

11.1 渐变色礼服裙

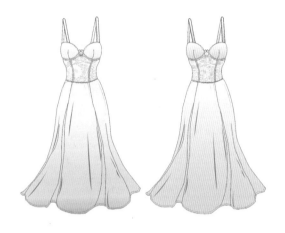

11.1.1 设计思路

案例类型：

本案例是一款性感、飘逸的吊带抹胸礼服。

设计定位：

本款吊带抹胸渐变色礼服裙结合了吊带元素的清凉和抹胸元素的性感，展现出优美的肩颈线，兼具娇俏与性感。收腰的线条设计，如量身定制般的修身版型，轻松凸显曼妙的小蛮腰。如鱼尾般的裙摆，凸显飘逸灵动。该款礼服适合宴会时穿着。

11.1.2 配色方案

本案例采用同类色搭配方式，以高明度的渐变色调为主，过渡柔和、淡雅、轻柔，搭配蕾丝面料进行点缀，最能体现女性优雅、温柔的气质。

以下几幅图为类似配色方案的服装设计作品。

11.1.3 其他配色方案

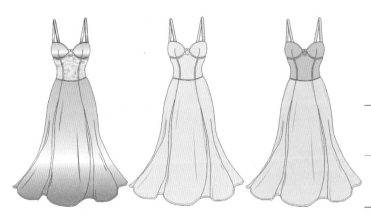

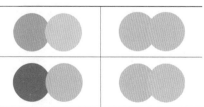

11.1.4 同类作品欣赏

11.1.5 项目实战

1.绘制礼服上身

步骤/01 新建一个空白文档。单击工具箱中的"钢笔工具"按钮，在画面中绘制形状，然后在右侧调色板中设置"轮廓色"为黑色，并在属性栏中设置"轮廓宽度"为0.1mm。

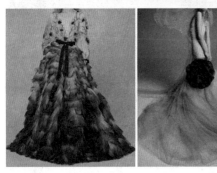

步骤/02 单击工具箱中的"交互式填充"按钮，在属性栏中单击"渐变填充"按钮，接着单击"线性渐变填充"按钮，并在"填充挑选器"中设置一个浅蓝色到白色的渐变。

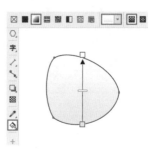

步骤/03 单击工具箱中的"选择工具"按钮，选中该图形，接着使用快捷键Ctrl+C进行复制，使用快捷键Ctrl+V进行粘贴，然后单击属性栏中的"水平镜像"按钮。

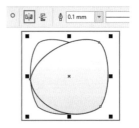

步骤/04 将图形移动到画面右侧的合适位置。选中两个图形，使用快捷键Ctrl+G进行组合。

步骤/05 绘制礼服肩带部分。使用"钢笔工具"在画面中绘制肩带形状，设置"轮廓色"为黑色，并在属性栏中设置"轮廓宽度"为0.1mm。

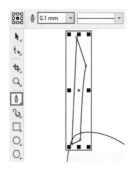

步骤/06 选中肩带图形，单击工具箱中的"交互式填充"按钮，在属性栏中单击"渐变填充"按钮，接着单击"线性渐变填充"按钮，并

在"填充挑选器"中设置一个浅蓝色到白色的渐变。

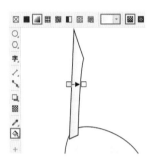

步骤/07 继续使用同样的方法绘制肩带的另一部分。

步骤/08 制作肩带缉明线。使用"钢笔工具"在肩带的边缘绘制缉明线,接着设置"轮廓色"为黑色,并在属性栏中设置"轮廓宽度"为0.1mm,然后设置合适的虚线"线条样式"。

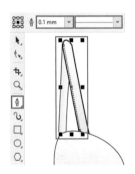

步骤/09 选中肩带的全部图形,接着使用快捷键Ctrl+G进行组合,使用快捷键Ctrl+C进行复制,使用快捷键Ctrl+V进行粘贴,然后单击属性栏中的"水平镜像"按钮,将其摆放在画面右侧的相应位置。

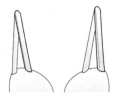

步骤/10 选中肩带图形组,单击鼠标右键,执行"顺序>向后一层"命令。

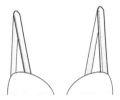

步骤/11 使用"钢笔工具"在画面中绘制上衣主体形状,在调色板中设置"填充色"为白色,"轮廓色"为黑色,并在属性栏中设置"轮廓宽度"为0.1mm。

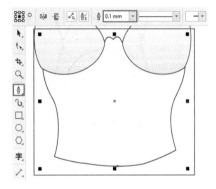

步骤/12 为衣身前片添加蕾丝花纹素材。执行"文件>导入"命令,将素材"1.jpg"导入画面中并调整素材的大小。

步骤/13 选中素材,单击鼠标右键,执行"PowerClip 内部"命令,并在衣身前片上单击。

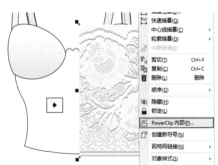

步骤/14 此时，礼服衣身前片的画面效果如下图所示。

步骤/15 单击工具箱中的"椭圆形工具"按钮，在胸前正中位置按住Ctrl键的同时按住鼠标左键拖动，绘制一个正圆，设置"轮廓色"为黑色，并在属性栏中设置"轮廓宽度"为0.1mm。

步骤/16 选中正圆图形，单击工具箱中的"交互式填充"按钮，在属性栏中单击"渐变填充"按钮，接着单击"线性渐变填充"按钮，并在"填充挑选器"中设置一个蓝色到白色的渐变。

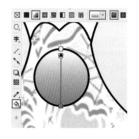

步骤/17 使用"钢笔工具"在上身绘制线条，在调色板中设置"轮廓色"为黑色，并在属性栏中设置"轮廓宽度"为0.1mm。

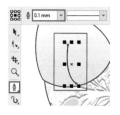

步骤/18 继续使用同样的方法绘制其他部分的线条。

步骤/19 绘制缉明线。使用"钢笔工具"在上边缘处绘制路径，接着设置"轮廓色"为黑色，并在属性栏中设置"轮廓宽度"为0.1mm，然后设置合适的虚线"线条样式"。

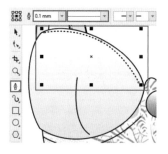

步骤/20 继续使用同样的方法绘制其他缉明线。

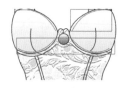

2.绘制礼服下裙

步骤/01 绘制礼服的裙摆部分。使用"钢笔工具"在上衣下方绘制裙摆图形，并摆放到上身后方，然后设置轮廓色为黑色，并在属性栏中设置"轮廓宽度"为0.1mm。

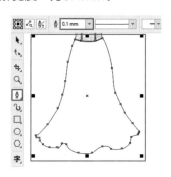

步骤/02 选中裙摆图形，单击工具箱中的"交互式填充"按钮，在属性栏中单击"渐变填充"按钮，接着单击"线性渐变填充"按钮，并在"填充挑选器"中设置一个浅蓝色到白色的渐变。

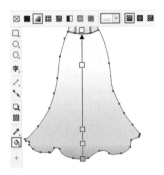

步骤/03 绘制裙摆缉明线。使用"钢笔工具"在裙摆下方绘制线条，接着设置"轮廓色"为黑色，并在属性栏中设置"轮廓宽度"为0.1mm，然后设置合适的虚线"线条样式"。

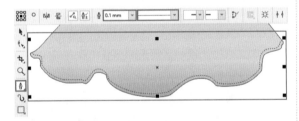

步骤/04 绘制裙褶。使用"钢笔工具"在裙摆处绘制线条，在调色板中设置"轮廓色"为黑色，并在属性栏中设置"轮廓宽度"为0.1mm。

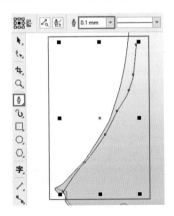

步骤/05 继续使用同样的方法绘制其他裙摆裙褶。

步骤/06 制作裙摆上的阴影。使用"钢笔工具"在合适的位置绘制图形。

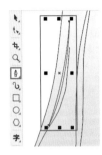

步骤/07 选中绘制的形状，单击工具箱中的"交互式填充"按钮，在属性栏中单击"均匀填充"按钮，设置"填充色"为灰蓝色，并去除轮廓色。

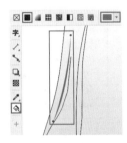

步骤/08 继续使用同样的方法绘制其他部分的阴影，至此蓝色渐变色礼服裙效果图制作完成。

步骤/09 选中蓝色礼服裙的所有图形，接着使用快捷键Ctrl+C进行复制，使用快捷键Ctrl+V进行粘贴，然后使用选择工具将其向右移动。

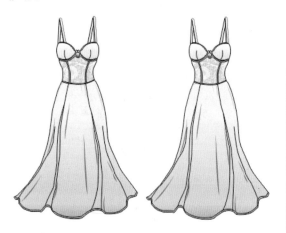

步骤/10 更改礼服裙摆的颜色。

步骤/11 继续更改其他部分的颜色，得到同款的粉色渐变色礼服裙。

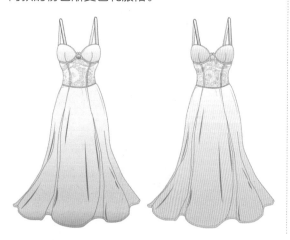

11.2 及地婚纱

11.2.1 设计思路

案例类型：

本案例是一款一字领无袖蓬蓬裙款式的婚纱。

设计定位：

本款婚纱贴合肩部线条剪裁，舒适服帖；多层荷叶边加强层次感，形成视觉上的饱满感，修饰身体曲线；收腰位置偏上的设计更显腿长和上半身的纤细；轻薄、通透的面料，更显灵动、轻盈。婚纱裙摆质地蓬松、层次丰富，裙摆的弧度与外层的薄纱打造出蓬松感与立体感，使服装造型更加灵动、精致，充满甜美与浪漫的气息。

11.2.2 配色方案

本案例采用单色系搭配方式，以淡蓝色为主色，色彩淡雅、空灵，使用纯白色的蕾丝面料对服装进行装点，展现出新娘夺目、优雅的风采。

以下几幅图为类似配色方案的服装设计作品。

11.2.3　其他配色方案

11.2.4　同类作品欣赏

11.2.5 项目实战

1.制作面料图案

步骤/01 新建一个空白文档。单击工具箱中的"钢笔工具"按钮，在画面的空白位置绘制花瓣图形，设置"填充色"为白色，轮廓色为浅蓝色，并在属性栏中设置"轮廓宽度"为0.83px。

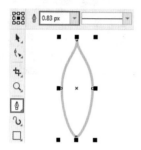

步骤/02 选中该图形，执行"窗口>泊坞窗>变换"命令，在弹出的"变换"泊坞窗中，单击"旋转"按钮，设置"角度"为60°，"中心点位置"为下中，"副本"为5，单击"应用"按钮。

步骤/03 得到花朵图形。选中所有图形，使用快捷键Ctrl+G进行组合。

步骤/04 选中花朵图形，接着使用快捷键Ctrl+C进行复制，使用快捷键Ctrl+V进行粘贴，在选中该图形的情况下，将图形中心等比例缩放。

步骤/05 单击工具箱中的"椭圆形工具"按钮，在花瓣上绘制一个椭圆图形。

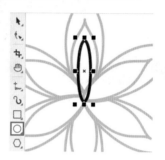

步骤/06 选中该椭圆图形，单击工具箱中的"交互式填充"按钮，在属性栏中单击"均匀填充"按钮，设置"填充色"为浅蓝色，在调色板中右击"无"，去除轮廓色。

步骤/07 选中该椭圆图形，执行"窗口>泊坞窗>变换"命令，在弹出的"变换"泊坞窗中，单击"旋转"按钮，设置"角度"为60°，"中心点位置"为下中，"副本"为5，单击"应用"按钮。

步骤08 此时，图案效果如下图所示。

步骤09 继续使用"钢笔工具"和"椭圆形工具"绘制图形，并利用"变换"中的"旋转"功能制作其他图形。

步骤10 将所有图形摆放到合适位置，选中所有图形，接着使用快捷键Ctrl+G进行组合，得到复杂的图形组合。

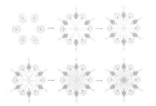

步骤11 此时，蕾丝面料图案的两种基本图形制作完成。

步骤12 选中一种蕾丝图案图形，按住鼠标左键拖动的同时按住Shift键，水平移动到合适的位置之后，单击鼠标右键，将其复制。

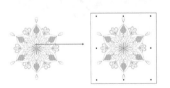

步骤13 多次使用"再制"快捷键Ctrl+D，快速移动并复制得到一系列相同的图案图形，选择所有图形，并使用快捷键Ctrl+G进行组合。

步骤14 继续使用同样的方法进行复制，得到规则排列的面料图案。下面需要将面料图案导出为可以方便使用的图像文件。

步骤15 执行"文件>导出"命令（快捷键Ctrl+E），在导出窗口中选择导出的文件位置，设置合适的"文件名称"，设置"保存类型"为PNG-可移植网络图形（*.png），单击"导出"按钮。

2.绘制婚纱上身

步骤01 再次新建一个大小合适的空白文档。使用"钢笔工具"绘制上衣的图形，在右侧调色板中设置"轮廓色"为黑色，并在属性栏中设置"轮廓宽度"为0.2mm。

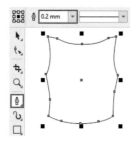

步骤/02 单击工具箱中的"交互式填充"按钮，在属性栏中单击"均匀填充"按钮，设置"填充色"为浅蓝色。

步骤/03 执行"文件>导入"命令，将"面料素材1"导入画面中并调整素材的大小。

步骤/04 选中素材，单击鼠标右键，执行"PowerClip 内部"命令，并在婚纱上身图形上单击。

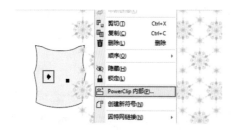

步骤/05 此时，婚纱上身的画面效果图制

作完成。

步骤/06 使用"钢笔工具"在上半部分绘制形状，设置"填充色"为淡蓝色，"轮廓色"为黑色，并在属性栏中设置"轮廓宽度"为0.2mm。

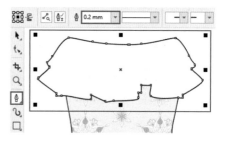

步骤/07 选中该图形，单击工具箱中的"透明度工具"按钮，在属性栏中单击"均匀透明度"按钮，设置"透明度"为50，并单击后方的"全部"按钮。

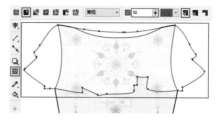

步骤/08 绘制衣褶。使用"钢笔工具"在画面左侧绘制路径，设置"轮廓色"为黑色，并在属性栏中设置"轮廓宽度"为0.2mm。

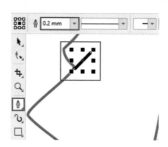

步骤/09 继续使用"钢笔工具"在画面右侧的相应位置绘制衣褶。

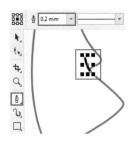

步骤/10 使用"钢笔工具"绘制线条，设置"轮廓色"为黑色，并在属性栏中设置"轮廓宽度"为0.2mm。

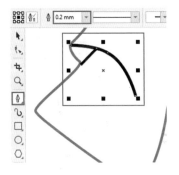

步骤/11 选中该图形，单击工具箱中的"透明度工具"按钮，在属性栏中单击"均匀透明度"按钮，设置"透明度"为50，并单击后方的"全部"按钮。

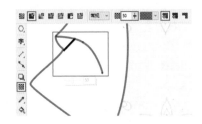

步骤/12 继续使用同样的方法绘制其他婚纱衣褶。

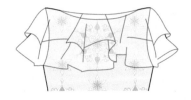

步骤/13 使用"钢笔工具"在画面左侧绘

制形状，将"填充色"设置为淡蓝色，"轮廓色"设置为黑色，并在属性栏中设置"轮廓宽度"为0.2mm。

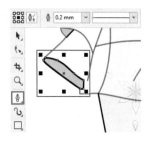

步骤/14 选中该图形，单击工具箱中的"透明度工具"按钮，在属性栏中单击"均匀透明度"按钮，设置"透明度"为50，并单击后方的"全部"按钮。

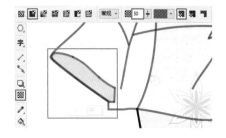

步骤/15 继续使用同样的方法制作其他图形并设置合适的透明度。

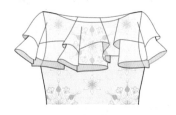

步骤/16 使用"钢笔工具"在上身前片右侧绘制路径，再设置"轮廓色"为黑色，并在属性栏中设置"轮廓宽度"为0.2mm。

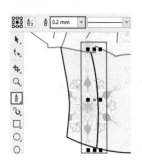

步骤／17 继续使用"钢笔工具"在上身的左侧位置绘制另一条衣褶。

3.绘制婚纱裙摆

步骤／01 裙摆为多层，首先绘制第一层裙摆。使用"钢笔工具"绘制裙摆形状，设置"填充色"为淡蓝色，"轮廓色"为黑色，并在属性栏中设置"轮廓宽度"为0.2mm。

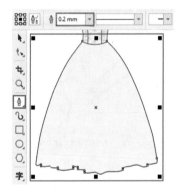

步骤／02 绘制礼服裙褶。使用"钢笔工具"绘制路径，设置"轮廓色"为黑色，并在属性栏中设置"轮廓宽度"为0.2mm。

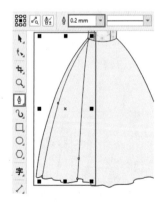

步骤／03 继续使用同样的方法制作婚纱其他裙褶。

步骤／04 绘制裙摆缉明线。使用"钢笔工具"在裙摆底部绘制线条，接着设置"轮廓色"为黑色，并在属性栏中设置"轮廓宽度"为0.3mm，然后设置合适的虚线"线条样式"。

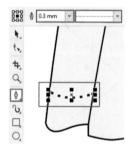

步骤／05 继续使用同样的方法制作裙摆底部的其他缉明线。

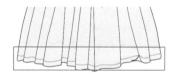

步骤／06 复制底层的裙摆，摆放在上层，并适当放大。

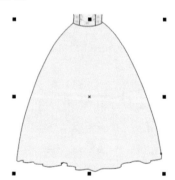

步骤/07 选中该图形，去除填充色，只保留描边。

步骤/08 执行"文件>导入"命令，将"面料素材1"导入画面中并调整素材的大小。

步骤/09 选中素材，单击鼠标右键，执行"PowerClip 内部"命令，并在婚纱裙身上单击。

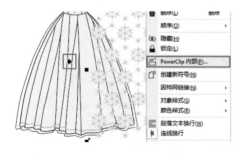

步骤/10 此时，画面效果如下图所示。

步骤/11 再次复制裙摆，摆放在最顶层，适当放大。设置"填充色"为白色，"轮廓色"为黑色，并在属性栏中设置"轮廓宽度"为0.2mm。

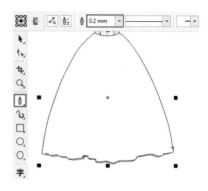

步骤/12 选中该图形，单击工具箱中的"透明度工具"按钮，在属性栏中单击"均匀透明度"按钮，设置"透明度"为60，并单击后方的"全部"按钮。

步骤/13 至此及地婚纱效果图制作完成。

第 12 章

童装款式图设计

　　童装是指儿童穿着的服装。与成人服装相比，童装面料、版型应更侧重于舒适、健康、利于活动，外形、色彩、花纹也通常更加丰富。不同年龄段的儿童，服装特征差异较大。按照年龄段，童装可以分为婴儿服装、幼儿服装、小童服装、中童服装、大童服装等。

12.1 甜美儿童连衣裙

12.1.1 设计思路

案例类型：

本案例是一款春夏季节中童连衣裙。

设计定位：

本款儿童连衣裙在肩部、腰部、裙摆和领口等部位的放量较大，满足了呼吸、身体活动和穿脱方便等需求。圆翻领的圆润线条，展现出柔和、单纯的气质；泡泡袖和蝴蝶结的造型活泼、甜美，散发出浓浓的俏皮感；裙摆的卡通星星图案大小对比鲜明，对儿童有着深深的吸引力。

12.1.2 配色方案

本案例采用暖色系色彩搭配方式，以淡粉色为主色，表现儿童纯真、甜美的气质，淡黄色的腰带与明黄色的卡通星星图案对服装加以点缀，表现甜美可爱的服装风格，此种颜色搭配方案在童装及少女服装中十分常见。

以下几幅图为类似配色方案的服装设计作品。

12.1.3 其他配色方案

12.1.4 同类作品欣赏

12.1.5 项目实战

1.绘制裙身

步骤/01 新建一个空白文档。单击工具箱中的"钢笔工具"按钮,绘制领口处的后片图形,接着在调色板中设置"轮廓色"为黑色,并在属性栏中设置"轮廓宽度"为0.3mm。

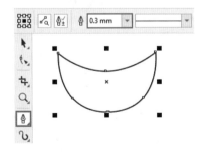

步骤/02 选中形状,单击工具箱中的"交互式填充"按钮,在属性栏中单击"均匀填充"

按钮,设置"填充色"为淡粉色。

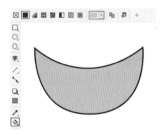

步骤/03 绘制连衣裙后衣领。使用"钢笔工具"在已有图形顶部绘制领口边缘形状,接着设置"填充色"为粉色,"轮廓色"为黑色,并在属性栏中设置"轮廓宽度"为0.3mm。

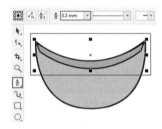

步骤/04 绘制连衣裙前片。使用"钢笔工具"绘制前片形状,接着设置"填充色"为粉色,"轮廓色"为黑色,并在属性栏中设置"轮廓宽度"为0.3mm。

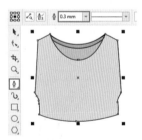

步骤/05 继续使用同样的方法绘制连衣裙裙摆部分。

2.绘制衣袖

步骤/01 绘制连衣裙的右衣袖。单击工具箱中的"钢笔工具"按钮在上衣右侧位置绘制衣袖形状，接着设置"填充色"为深粉色，"轮廓色"为黑色，并在属性栏中设置"轮廓宽度"为0.3mm。

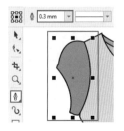

步骤/02 继续使用同样的方法绘制右衣袖的前片。

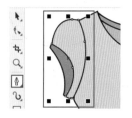

步骤/03 绘制右衣袖的袖口。使用"钢笔工具"在袖口处绘制形状，接着设置"填充色"为淡黄色，"轮廓色"为黑色，并在属性栏中设置"轮廓宽度"为0.3mm。

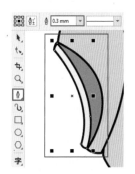

步骤/04 继续使用同样的方法绘制袖口的另一个部分。

步骤/05 绘制衣袖的褶皱。使用"钢笔工具"在衣袖的合适位置绘制形状，然后设置"轮廓色"为黑色，并在属性栏中设置"轮廓宽度"为0.3mm。

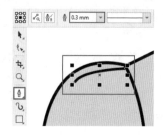

步骤/06 继续使用同样的方法绘制衣袖的其他衣褶。选中袖口所有图形，使用快捷键Ctrl+G进行组合。

步骤/07 选中衣袖图形组，接着使用快捷键Ctrl+C进行复制，使用快捷键Ctrl+V进行粘贴，然后单击属性栏中的"水平镜像"按钮。

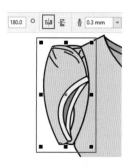

步骤/08 将图形移动到画面右侧的合适位置。

3.绘制衣领

步骤/01 绘制衣领。单击工具箱中的"钢笔工具"按钮，在领口处绘制右侧的衣领，然后设置"填充色"为淡黄色，"轮廓色"为黑色，并在属性栏中设置"轮廓宽度"为0.3mm。

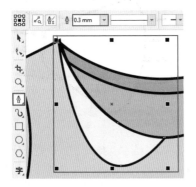

步骤/02 绘制衣领的缉明线。使用"钢笔工具"在衣领边缘绘制路径，接着设置"轮廓色"为黑色，并在属性栏中设置"轮廓宽度"为0.3mm，然后设置合适的虚线"线条样式"。

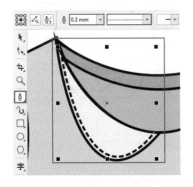

步骤/03 选中衣领所有图形，接着使用快捷键Ctrl+C进行复制，使用快捷键Ctrl+V进行粘贴，然后单击属性栏中的"水平镜像"按钮。

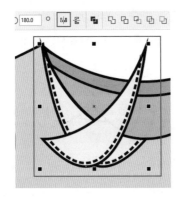

步骤/04 将衣领移动到画面右侧的对应位置。

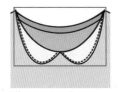

步骤/05 单击工具箱中的"椭圆形工具"按钮，按住Ctrl键的同时按住鼠标左键拖动，绘制一个正圆，接着设置"填充色"为淡黄色，"轮廓色"为黑色，并在属性栏中设置"轮廓宽度"为0.3mm。

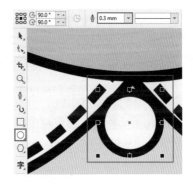

步骤/06 复制另外两个纽扣，摆放在下方。

4.绘制腰带

步骤/01 使用"钢笔工具"在连衣裙的上身与裙摆衔接位置绘制腰带形状，然后设置"填充色"为淡黄色，"轮廓色"为黑色，并在属性栏中设置"轮廓宽度"为0.3mm。

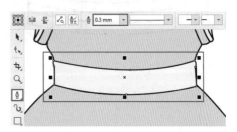

步骤/02 使用"钢笔工具"在连衣裙腰带的合适位置绘制衔接线，然后设置"轮廓色"为黑色，并在属性栏中设置"轮廓宽度"为0.3mm。

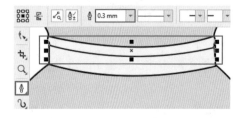

步骤/03 继续使用同样的方法绘制另一条衔接线。

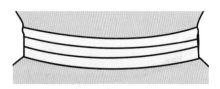

步骤/04 绘制腰带缉明线。使用"钢笔工具"在连衣裙腰带的合适位置绘制缉明线，接着设置"轮廓色"为黑色，并在属性栏中设置"轮廓宽度"为0.2mm，然后设置合适的虚线"线条样式"。

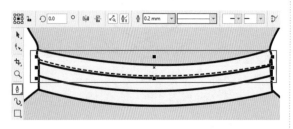

步骤/05 复制另外两条缉明线，摆放在下方，适当调整形态。

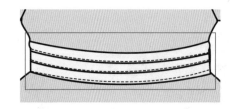

步骤/06 绘制蝴蝶结。使用"钢笔工具"在腰带左侧的合适位置绘制形状，然后设置"填充色"为淡黄色，"轮廓色"为黑色，并在属性

栏中设置"轮廓宽度"为0.3mm。

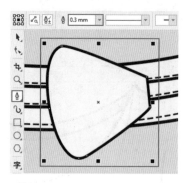

步骤/07 选中刚刚绘制的蝴蝶结图形，接着使用快捷键Ctrl+C进行复制，使用快捷键Ctrl+V进行粘贴，然后单击属性栏中的"水平镜像"按钮。

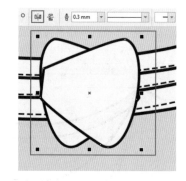

步骤/08 将图形向画面右侧移动。

步骤/09 复制黄色的蝴蝶结，适当缩小，更改"填充色"为粉色，摆放在上层。

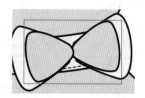

步骤/10 使用"钢笔工具"在蝴蝶结的中间位置绘制形状，然后设置"填充色"为淡黄色，"轮廓色"为黑色，并在属性栏中设置"轮

廓宽度"为0.3mm。

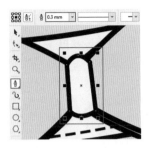

步骤/11 使用"钢笔工具"在蝴蝶结一侧绘制阴影图形形状，然后设置"填充色"为灰色，并去除轮廓色。

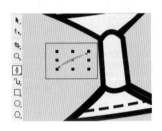

步骤/12 继续使用同样的方法绘制蝴蝶结的其他阴影。

步骤/13 绘制蝴蝶结上的衣褶。使用"钢笔工具"在蝴蝶结上绘制线条，然后设置"轮廓色"为黑色，并在属性栏中设置"轮廓宽度"为0.3mm。

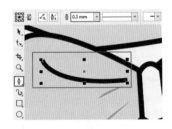

步骤/14 继续使用同样的方法绘制蝴蝶结的其他衣褶。

5.丰富裙摆细节

步骤/01 绘制裙摆缉明线。使用"钢笔工具"在裙摆的下方位置绘制形状，然后设置"轮廓色"为黑色，并在属性栏中设置"轮廓宽度"为0.3mm。

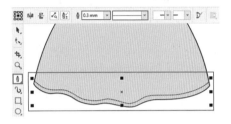

步骤/02 绘制星形图案。使用"钢笔工具"在裙摆底部边缘绘制星形，然后设置"填充色"为明黄色，"轮廓色"为深棕色，并在属性栏中设置"轮廓宽度"为1.0mm。

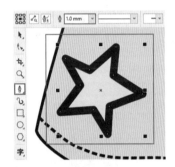

步骤/03 继续使用"钢笔工具"在星形内部再次绘制一个稍小一些的星形，然后设置"填充色"为偏向橙色的黄色，"轮廓色"为无。

步骤/04 选中两个星形图形，接着使用快捷键Ctrl+G进行组合，使用快捷键Ctrl+C进行复制，使用快捷键Ctrl+V进行粘贴，然后将其向画面右侧移动并适当旋转。

步骤/05 继续使用同样的方法复制多个图形，调整其大小和旋转角度并摆放到合适的位置。

步骤/06 绘制连衣裙的衣褶。使用"钢笔工具"在腰带下方的位置绘制线条，然后在调色板中设置"轮廓色"为黑色，并在属性栏中设置"轮廓宽度"为0.3mm。

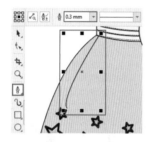

步骤/07 使用相同的方法绘制其他衣褶。儿童连衣裙的正面效果图制作完成。

步骤/08 复制正面的图形，移动到画面右侧，删除多余部分，并更改上衣前片的形态，得到背面效果。

12.2 男童运动套装

12.2.1 设计思路

案例类型：

本案例是一款海洋风格的男童运动套装。

设计定位：

本款男童运动套装的上衣通过蓝白相间的横条纹打造出鲜明的层次感，结合肩部的拼贴，展现出服装清爽、灵动、时尚的特点。抽绳式运动裤裤管宽大，有利于儿童的生长发育与活动，穿脱方便。整套服装廓形较为宽松，裁剪合体，穿着舒适、轻便。

12.2.2 配色方案

本案例采用单色系邻近色的色彩搭配方式，以深蓝色为主色、天蓝色为辅助色，表现出海洋风格的清爽、干净，蓝白相间的条纹增强了服装的层次美感。本款清爽帅气的男童服装搭配，给人心旷神怡、清凉的视觉感受。

以下几幅图为类似配色方案的服装设计作品。

12.2.3　其他配色方案

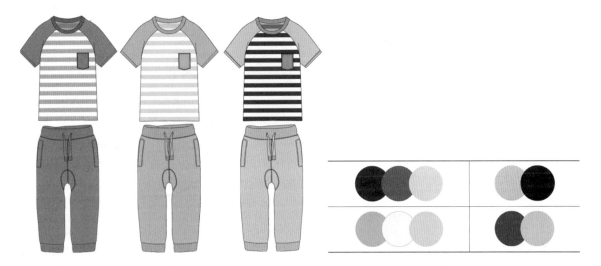

12.2.4　同类作品欣赏

12.2.5　项目实战

1.绘制面料图案

步骤/01 新建一个空白文档。单击工具箱中的"矩形工具"按钮，在画面的空白位置按住鼠标左键并拖动，绘制一个矩形，然后在右侧调色板中设置"填充色"为白色，"轮廓色"为浅灰色。

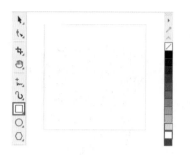

步骤/02 继续使用"矩形工具"在矩形上绘制一个细长的矩形。

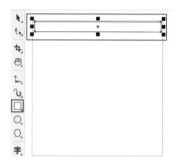

步骤/03 在选中该图形的情况下，单击工具箱中的"交互式填充工具"按钮，在属性栏中单击"均匀填充"按钮，设置"填充色"为天蓝色。然后在右侧调色板中右击"无"，去除轮廓色。

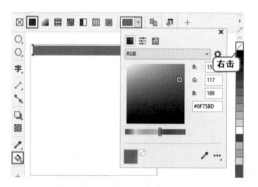

步骤/04 选中该图形，按住鼠标左键向下拖动的同时按住Shift键，将其向下垂直移动，移动合适距离后单击鼠标右键，将其复制。

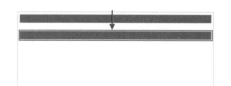

步骤/05 多次使用"再制"快捷键Ctrl+D，快速移动并复制得到多个相同的图形，至此条纹图案的服装面料制作完成。

2.绘制上衣正面

步骤/01 单击工具箱中的"钢笔工具"按钮，绘制领口处的后片图形，接着在属性栏中设置"轮廓宽度"为0.5mm，将后片图形复制一份移动到画面的空白位置。

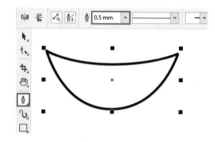

步骤/02 将图案面料复制一份移动到画面的合适位置，单击鼠标右键，执行"PowerClip内部"命令，接着在后片图形上单击。

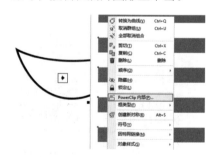

步骤/03 此时，上衣后片画面效果图制作完成。

步骤/04 将复制的上衣后片图形摆放在上层，并移动到带有条纹图形的上方。设置"填充色"为蓝色，"轮廓色"为无。

步骤/05 在选中该图形的情况下单击工具箱中的"透明度工具"按钮，接着在属性栏中单击"均匀透明度"按钮，设置"不透明度"为41。

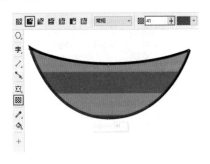

步骤/06 绘制衣领。单击工具箱中的"矩形工具"按钮，在后片上方的合适位置绘制一个矩形，并在属性栏中设置"轮廓宽度"为0.2mm。

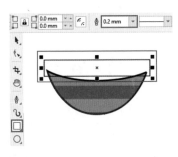

步骤/07 选中该图形，单击工具箱中的"封套工具"按钮，接着单击矩形的节点，并调节各个节点的位置。

步骤/08 在选中该图形的情况下，单击工具箱中的"交互式填充工具"按钮，在属性栏中单击"均匀填充"按钮，设置"填充色"为天蓝色。

步骤/09 使用"钢笔工具"在画面的空白位置按住Shift键的同时单击鼠标左键绘制一条直线。

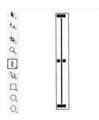

步骤/10 选中直线，双击界面右下方的"轮廓笔"按钮，在弹出的"轮廓笔"对话框中，将"常规"中的"颜色"设置为蓝色，"宽度"设置为"细线"，设置完成后单击OK按钮。

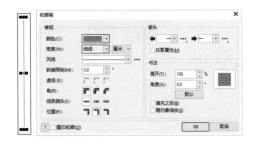

步骤/11 选中直线，执行"编辑>步长和重复"命令，在弹出的"步长和重复"泊坞窗中，将"水平设置"的"间距"设置为0.7mm，"垂直设置"的"份数"设置为49，单击"应用"按钮。

步骤/12 得到一系列线条，选中这些线条，使用快捷键Ctrl+G进行组合。

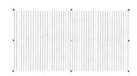

步骤/13 将线条图案复制一份移动到画面合适位置，在图案选中的情况下，单击鼠标右键，执行"PowerClip 内部"命令，接着在后领口图形上单击。

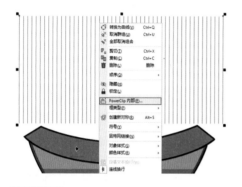

步骤/14 此时后衣领画面效果图制作完成。

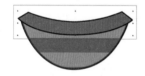

步骤/15 绘制前领口。使用"钢笔工具"在下边缘绘制前衣领图形，接着在文档调色板中，设置"填充色"为天蓝色，"轮廓色"为黑色，并在属性栏中设置"轮廓宽度"为0.25mm。

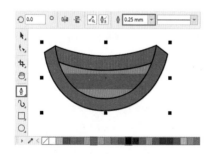

步骤/16 将线条图案复制一份移动到画面合适位置，在图案选中的情况下，单击鼠标右

键，执行"PowerClip 内部"命令，接着在前领口图形上单击。

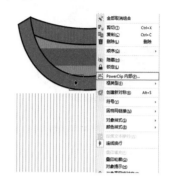

步骤/17 此时前衣领画面效果图制作完成。

步骤/18 绘制前片。使用"钢笔工具"在衣领下方的合适位置绘制图形，接着在属性栏中设置"轮廓宽度"为0.25mm。

步骤/19 将图案面料复制一份，在图案面料选中的情况下，单击鼠标右键，执行"PowerClip内部"命令，接着在前片图形上单击。

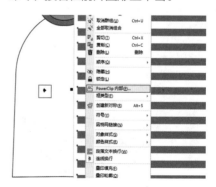

步骤/20 此时，上身前片画面效果如下图所示。

步骤/21 绘制衣袖。使用"钢笔工具"在画面左上方绘制图形，接着在属性栏中设置"轮廓宽度"为0.25mm。

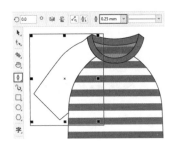

步骤/22 选中衣袖图形，双击界面右下方的"编辑填充"按钮，在"编辑填充"对话框中设置"填充颜色"为稍深一些的蓝色。

步骤/23 此时，衣袖效果图制作完成。

步骤/24 使用"钢笔工具"在衣袖袖口绘制线条，接着在属性栏中设置"轮廓宽度"为0.2mm，并设置合适的虚线"线条样式"。

步骤/25 继续使用"钢笔工具"在袖口的合适位置绘制缉明线。

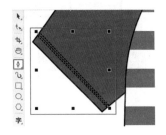

步骤/26 使用"钢笔工具"在衣袖和前片的衔接处绘制衣褶，接着在属性栏中设置"轮廓宽度"为0.25mm。

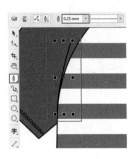

步骤/27 选中衣袖所有图形，接着使用快捷键Ctrl+C进行复制，使用快捷键Ctrl+V进行粘贴，然后单击属性栏中的"水平镜像"按钮。

步骤/28 将衣袖图形移动到画面右侧的合适位置。

步骤/29 绘制衣兜。使用"钢笔工具"在前片左侧的合适位置绘制图形，接着在属性栏中设置"轮廓宽度"为0.5mm。

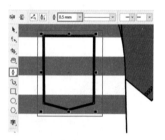

步骤/30 在选中该图形的情况下，单击工具箱中的"交互式填充工具"按钮，在属性栏中单击"均匀填充"，设置与衣袖相同的颜色。

步骤/31 使用"钢笔工具"在衣兜边缘绘制缉明线，接着在属性栏中设置"轮廓宽度"为0.2mm，并设置合适的虚线"线条样式"。

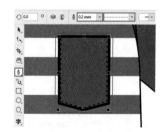

步骤/32 复制衣兜处的缉明线，并适当缩小。

步骤/33 此时，童装上衣正面画面效果图制作完成。

3.绘制儿童套装上衣背面

步骤/01 将儿童套装上衣正面的后衣领复制一份，并移动到画面的空白位置。

步骤/02 绘制后片。使用"钢笔工具"在后衣领下方参考前片的形态绘制图形，接着在属性栏中设置"轮廓宽度"为0.25mm。

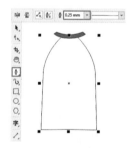

步骤/03 将图案面料复制一份，单击鼠标右键，执行"PowerClip 内部"命令，接着在后片图形上单击。

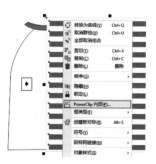

步骤／04 此时，儿童套装上衣背面画面效果如下图所示。

步骤／05 将儿童套装上衣正面的衣袖所有图形复制一份，并移动到背面位置，此时儿童套装上衣背面效果图制作完成。

4.绘制裤子正面

步骤／01 使用"钢笔工具"在画面的空白位置绘制裤腿图形，然后在界面底部的文档调色板中，设置"填充色"为孔雀蓝色，"轮廓色"为黑色，接着在属性栏中设置"轮廓宽度"为0.25mm。

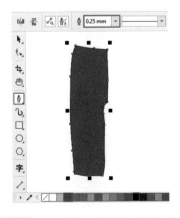

步骤／02 选中裤腿图形，执行"效果>杂

点>添加杂点"命令，在弹出的"添加杂点"对话框中设置"噪声类型"为"高斯式"，"层次"为60，"密度"为50，"颜色模式"为"强度"，设置完成后单击OK按钮。

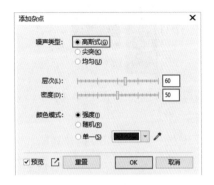

步骤／03 效果图如下图所示。

步骤／04 使用"钢笔工具"在裤腿右上方的边缘位置绘制裤兜盖图形，接着在属性栏中设置"轮廓宽度"为0.25mm。

步骤／05 在选中该图形的情况下，单击工具箱中的"交互式填充工具"按钮，在属性栏中单击"均匀填充"按钮，设置"填充色"为稍浅

一些的蓝色。

步骤/06 选中该图形，执行"效果>杂点>添加杂点"命令，在弹出的"添加杂点"对话框中，设置"噪声类型"为"高斯式"，"层次"为60，"密度"为75，"颜色模式"为"强度"，设置完成后单击OK按钮。

步骤/07 此时，裤兜盖图形画面效果图制作完成。

步骤/08 使用"钢笔工具"在裤兜边缘绘制缉明线，接着在属性栏中设置"轮廓宽度"为0.2mm，并设置合适的虚线"线条样式"。

步骤/09 绘制裤脚。使用"钢笔工具"在裤腿下方合适位置绘制裤脚图形，然后设置"填充色"为与裤兜相同的蓝色，"轮廓色"为黑色，接着在属性栏中设置"轮廓宽度"为0.25mm。

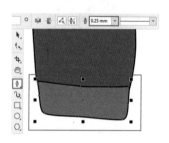

步骤/10 选中裤脚图形，执行"效果>杂点>添加杂点"命令，在弹出的"添加杂点"对话框中设置"噪声类型"为"高斯式"，"层次"为60，"密度"为75，"颜色模式"为"强度"，设置完成后单击OK按钮，此时裤脚图形画面效果如下图所示。

步骤/11 绘制裤脚处的图案。使用"钢笔工具"在画面的空白位置按住Shift键的同时单击鼠标左键绘制一条直线，接着在属性栏中设置"轮廓宽度"为细线。

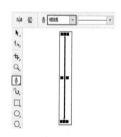

步骤/12 选中该线条，按住鼠标左键向右拖动的同时按住Shift键将其水平移动，接着在合适位置单击鼠标右键将其复制。

步骤/13 在选中该线条的情况下，多次使用"再制"快捷键Ctrl+D，快速移动并复制得到多个相同的线条，选中所有线条，使用快捷键Ctrl+G进行组合。

步骤/14 将线条图案复制一份，单击鼠标右键，执行"PowerClip 内部"命令，接着在裤脚图形上单击。

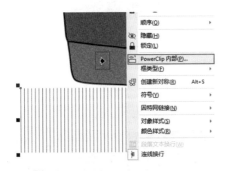

步骤/15 此时，裤脚效果图制作完成。

步骤/16 选中裤腿和裤脚所有图形，接着使用快捷键Ctrl+C进行复制，使用快捷键Ctrl+V进行粘贴，然后单击属性栏中的"水平镜像"按钮。

步骤/17 将图形移动到画面右侧的合适位置。

步骤/18 使用"钢笔工具"在裤腿中间绘制衔接线，接着在属性栏中设置"轮廓宽度"为0.25mm。

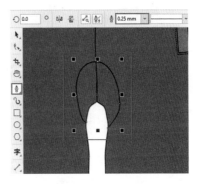

步骤/19 绘制裤腰。使用"钢笔工具"在裤腿上方的合适位置绘制裤腰的后片图形，然后设置"填充色"为稍灰一些的蓝色，"轮廓色"为黑色，接着在属性栏中设置"轮廓宽度"为0.25mm。

步骤/20 选中裤腰后片图形，执行"效果>杂点>添加杂点"命令，在弹出的"添加杂点"对话框中，设置"噪声类型"为"高斯式"，"层次"为60，"密度"为75，"颜色模式"为"强度"，设置完成后单击OK按钮。

步骤/21 此时，裤腰后片图形画面效果如下图所示。

步骤/22 将线条图案复制一份，单击鼠标右键，执行"PowerClip 内部"命令，接着在裤腰后片图形上单击。

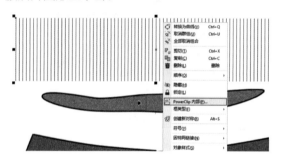

步骤/23 此时，裤腰后片画面效果图制作完成。

步骤/24 使用"钢笔工具"在裤腿上方合适位置绘制裤腰的前片图形，然后设置"填充色"为蓝色，"轮廓色"为黑色，接着在属性栏中设置"轮廓宽度"为0.25mm。

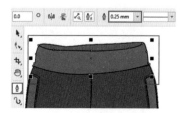

步骤/25 选中裤腰的后片图形，同样使用"效果>杂点>添加杂点"命令处理。

步骤/26 将线条图案复制一份，单击鼠标右键，执行"PowerClip 内部"命令，接着在裤腰后片图形上单击。

步骤/27 使用"钢笔工具"在裤腰下方绘制缉明线，接着在属性栏中设置"轮廓宽度"为0.3mm，并设置合适的虚线"线条样式"。

步骤/28 在该缉明线选中情况下，接着使用快捷键Ctrl+C进行复制，使用快捷键Ctrl+V进行粘贴，然后使用键盘上的"↓"键将其向下适当移动。

步骤/29 继续使用同样的方法绘制其他缉明线。

步骤/30 使用"钢笔工具"在裤腰右侧位置绘制图形，然后设置"填充色"为蓝色，接着

在属性栏中设置"轮廓宽度"为0.25mm。

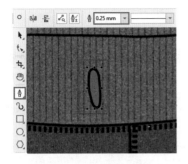

步骤/31 继续使用同样的方法在裤腰左侧的合适位置绘制另一个绳眼。

步骤/32 绘制抽绳。使用"钢笔工具"在裤腰的中间位置绘制图形，然后设置"填充色"为与裤腿相同的蓝色，接着在属性栏中设置"轮廓宽度"为0.25mm。

步骤/33 选中抽绳图形，同样执行"效果>杂点>添加杂点"命令。

步骤/34 继续使用同样的方法绘制左侧抽绳。

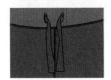

步骤/35 使用"钢笔工具"在抽绳下方合适位置绘制缉明线，接着在属性栏中设置"轮廓宽度"为0.2mm，并设置合适的虚线"线条样式"。

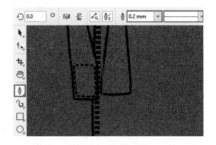

步骤/36 继续使用同样的方法绘制其他缉明线。

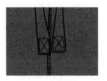

步骤/37 此时，儿童套装下身正面制作完成。

5.绘制裤子背面

步骤/01 将正面裤腿和裤脚复制一份，移动到画面的空白位置。

步骤/02 绘制裤腰后片。使用"钢笔工具"在裤腰的中间位置绘制图形，然后设置"填充色"为与裤腰相同的蓝色，接着在属性栏中设置"轮廓宽度"为0.25mm。

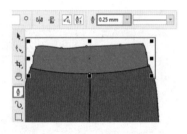

步骤/03 选中裤腰后片图形，执行"效果>杂点>添加杂点"命令，在弹出的"添加杂点"对话框中，设置"噪声类型"为"高斯式"，"层次"为60，"密度"为75，"颜色模式"为"强度"，设置完成后单击OK按钮，此时裤腰后片画面效果如下图所示。

步骤/04 将线条图案复制一份，单击鼠标右键，执行"PowerClip 内部"命令，接着在裤腰后片图形上单击，完成裤腰后片效果图的制作。

步骤/05 使用"钢笔工具"在画面的合适位置绘制衔接线，接着在属性栏中设置"轮廓宽度"为0.5mm。

步骤/06 使用"钢笔工具"在裤腰的边

缘位置绘制缉明线，接着在属性栏中设置"轮廓宽度"为0.3mm，并设置合适的虚线"线条样式"。

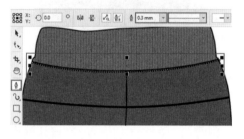

步骤/07 继续使用同样的方法绘制其他缉明线。

步骤/08 使用"钢笔工具"在右裤腿的合适位置绘制图形，然后设置"填充色"为孔雀蓝色，接着在属性栏中设置"轮廓宽度"为0.25mm。

步骤/09 选中裤兜图形，同样使用"效果>杂点>添加杂点"命令处理。

步骤/10 使用"钢笔工具"在裤兜的边缘位置绘制缉明线，接着在属性栏中设置"轮廓宽度"

为0.2mm，并设置合适的虚线"线条样式"。

步骤/11 继续使用同样的方法绘制其他缉明线。

步骤/12 至此男童运动套装效果图制作完成。